數位生態系與
人工智慧求生筆記

羅天一　著

專文推薦

盧希鵬教授　台灣科技大學專任特聘教授

溫怡玲　人工智慧科技基金會執行長

王仁甫教授　台灣駭客協會(HITCON)理事

專業推薦列名，依姓氏排序

余啟民教授　東吳大學法學院教授

吳中書博士　台經院董事長

李維斌教授　鴻海研究院執行長

周子銓教授　台灣科技大學副校長

陳文華教授　台灣大學工商管理學系暨商學研究所教授

葉奇鑫所長　達文西個資暨高科技法律事務所創辦人兼所長

潘維大校長　東吳大學校長

蔡明順校務長　台灣人工智慧學校校務長

快把實用範例介紹給需要及
想學習的朋友

今天我想向大家推薦一本絕對值得一讀的書籍，《數位生態筆記與人工智慧求生筆記》。這本書是由羅天一教授所著，而我本人也是深受其啟發。

羅教授不僅是我敬佩的老師，更是一位在學習、執行和表達能力方面遠勝於我的專家。他在 EMBA 教學中的優異表現是眾所周知的，總是能夠以淺顯易懂的方式，在輕鬆歡快的氛圍中將深奧的知識傳授給學生。他對學生論文的指導更是高效，總能在短時間內給予明確的回饋。此外，他自己也以身作則，擁有管理學博士學位與在台灣科技大學教授課程多年之後，又主動到東吳大學法律研究所進修法律碩士，展現了謙卑與不斷學習與成長的精神。

這樣的能力在《數位生態筆記與人工智慧求生筆記》一書中得到了完美展現。當 ChatGPT 等人工智慧

工具紛紛問世，掀起全球 AI 浪潮之際，羅教授以其卓越的學習能力和實踐精神，迅速掌握了這些技術，並以深入淺出的方式將其應用在實際生活與工作中。他能將複雜的人工智慧概念用大眾易懂的語言表達出來，因此成為了電視媒體爭相訪問的對象，他的多篇文章更是在報章雜誌中迅速登上熱門排行榜的第一名。

這本書不僅內容豐富，表達方式生動，還充滿了各種生活與工作上的實例應用。例如，書中的虛擬人物小智和小慧透過對話，引導讀者解決心中的疑惑，提供生活化的解答方式。全書分為人工智慧發展與實務應用、人工智慧求生筆記兩篇，涵蓋了企業與個人面對 AI 發展的實例與學理介紹，絕對是一本兼顧實務應用與理論思考的好書。

如果你想快速入門，了解人工智慧為人類帶來的未來，我強烈推薦這本書。趕緊翻開它，讓我們一起探索人工智慧的奧妙吧！

盧希鵬　敬上

不只求生，更能領先群倫

財團法人人工智慧科技基金會 執行長溫怡玲

　　早在2016年AlphaGo打敗韓國棋王李世乭之後，就有很多人擔憂，AI會不會取代人類的工作、會不會統治人類？相隔六年多，ChatGPT的出現再度引發全球集體焦慮，而且這次的衝擊更加真實直接：畢竟，大部份的人都不是以圍棋為業，但精通多國語言、對答如流、會翻譯、摘要還會寫報告的AI，實在令人很難不擔心自己的飯碗不保。

　　不過，經過了一年多，看看自己和旁邊的同事們，工作被AI取代的比例似乎不高；然而，真正了解AI、懂得在工作上善加利用AI的人，好像也並不太多。此時，正是閱讀這本《數位生態場域與人工智慧求生筆記》的最佳時刻。

　　本書作者羅天一教授，不僅任教於台灣科技大學、多年擔任金融業高階專業經理人，更早從2018年就深入研究人工智慧。累積多年經驗並結合跨領域知識，透過獨特且幽默的敘述邏輯，書中以AI插

推薦序

圖、人物對話情節和實作練習，大大降低學習AI的門檻，任何人都能夠藉此一覽AI真面目。

根據全球各大研究機構預估，AI的應用發展仍在起步階段，而人才依舊是產業發展的關鍵。更值得注意的是，由於AI對於社會及產業的影響極為深廣，而且人機協作將成為未來工作常態，因此更需要具人文思維與社會科學研究的專業人才投入。因此，無論是任職於哪個產業的上班族，都可以善用愈來愈簡便的AI應用工具，不只求生，也為自己的職涯快速加值。

特別是在學習AI路上無法跨出第一步、自我質疑或者卡關的專業工作者，這本書提供了完整的解答和系統性的學習方法。透過簡單易懂的人物對話、說明與有趣的插畫，只要循序閱讀、按表操課，必定很快就能夠掌握聰明使用AI的訣竅，成為AI世代的搶手人才。

溫怡玲

我們應該擁抱AI的數位時代

王仁甫

元智資管系助理教授、台灣駭客協會理事

ChatGPT等人工智慧工具的興起，宣告AI時代的來臨，我認為再過五年，我們從過去問搜尋引擎：你google了嗎？

會轉變成問AI工具：你AI了嗎？

我們必須搭上AI時代的數位列車，須要尋找最快的方式學習及使用AI工具，滿足工作、學習或生活的各種需求，故我推薦大家一定要讀《數位生態筆記與人工智慧求生筆記》。

因為，本書的作者羅天一教授，除了是金融高階經理人外，更具備深厚的學術涵養，還用幽默且淺顯易懂的方式，於課堂上講授AI等各種新興科技應用，讓學生在歡樂中學習，而《數位生態筆記與人工智慧求生筆記》就展現這樣的價值，文中使用大量的圖文、對話及個案說明AI的各種工具及應用，讓大家最輕鬆的方式，跨過AI時代的各種應用門檻。

推薦序

我相信當您翻開《數位生態筆記與人工智慧求生
筆記》，不僅是啟動了 AI 創新的引擎，更將駛向 AI 時
代的康莊大道。

自序

在數位時代，尤其是技術突飛猛進，數位場域千變萬化的情境，要出版一本經歷傳統審稿、編排及上架通路的實體書需要有很大的勇氣及毅力。但因網際網路、電子商務、智慧手機及行動載具興起等應用軟硬體之驅動下，數位場域的應用及商業模式也跟著大為改變。尤其是 2022 年底因為類似 ChatGPT 等生成式人工智慧的問世以來，其所造成的影響力至 2023 年底已經興起了一波不小的浪潮。

這個浪潮，我們可以從 2024 年的 AIPC（個人電腦配置人工智慧加速器或處理器等硬體）進入市場及原本在企業最為大家所熟用的辦公室軟體（例如 MS-Office）都要有類似 Co-pilot 的人工智慧內置功能，甚至鍵盤都要多加上一個人工智慧專用鍵，由以上產業趨勢略可以感受的到人工智慧的東風吹起了。

也就在 2023 年初，作者發表了一篇「ChatGPT-未來並不可怕，不知道未來才應該害怕」。的文章後，其後陸續接受到多家媒體的訪談，並針對此議題

溝通彼此看法及討論未來的趨勢。之後，也因該議題及技術應用進展發酵的相當快，作者接著又配合本身的技術實用範例及引用當時在東吳法學院就讀的科法知識，陸續的發表了多篇的文章及參加了外部的演講專題。

也就在許多朋友的鼓勵及恩師-台科大專任特聘教授：盧希鵬教授一句話「把實用範例介紹給需要及想學習的朋友」的催化下，作者開始著手準備這本茁作。

人工智慧本質而言應該屬於「技術」，但如要落地或進入產業及個人實用可能要回到學術或理論模式的考量——「心術」（可參考作者的前一本著作-企業長青術：魔數1到9），上述倆術結合，較有可能形成創新成功的「新術」。

本書分為倆篇：第一篇為人工智慧發展與實務應用，從第一章的人工智慧概念、第二章的人工智慧與科技，至第十一章的AIOT-AI of Things 人工智慧聯網，著重於數位場域與科技的介紹並在每章最後加入人工智慧實用工具及範例。第二篇則著重於人工智慧

求生筆記，從第一章、ChatGPT-未來並不可怕，不知道未來才應該害怕，至第九章人工智慧與法律，重點講述人工智慧的「心術」與「新術」。

　　因時空變動及技術來得太快，本書倉促發行付梓出版，有眾多不足及未臻至考量部份請多所包容並不吝指正。最後，再次感謝出版過程中，恩師及眾多好支的支持與鼓勵。

羅天一　　2024/1

作者與盧希鵬教授跟得獎學生合照

目錄

CONTENTS |

第二篇　人工智慧求生筆記

序曲

　　小智（男）和小慧（女）坐在咖啡廳的一角，周圍是輕鬆的咖啡香和輕微的咖啡杯聲響。他們的談話聚焦於近年來興起的一個熱門話題——人工智慧。

　　小智開始說道：「從2022年底開始，生成式人工智慧引起了一陣風潮，吸引了許多人的關注。你知道這是什麼嗎？」

　　小慧點了點頭：「當然，人工智慧（AI）是指由電腦系統執行的任務，這些任務通常需要人類智能，例如語言識別、學習、規劃和解決問題。」

　　「對，」小智接著說，「AI的歷史可以追溯到20世紀中葉。最早期的研究集中在問題解決和符號方法上。但真正的突破是在機器學習的發展，特別是深度學習。」

　　小慧思考片刻後說：「對，深度學習使得機器能夠通過神經網絡進行學習，從而大大提高了處理複雜數據的能力。像生成式對抗網絡（GAN）和變分自編碼器（VAE）這樣的技術，使得AI能創造出逼真的

圖像和音頻，這就是最近大家都在談論的生成式人工智慧。」

「沒錯，」小智點頭，「這些技術的進步，特別是在自然語言處理領域，讓AI能夠更好地理解和生成人類語言。像是我們現在使用的語音助手和聊天機器人，就是很好的例子。」

小慧補充說：「不過，隨著AI技術的發展，也帶來了許多道德和社會問題，例如數據隱私、偏見和就業安全等。」

「確實如此，」小智認真地說，「未來的AI發展趨勢可能會更加注重這些問題的解決，同時也會繼續在智能自動化、增強現實和虛擬現實等領域取得進步。」

小慧微笑著說：「是啊，AI的未來充滿了無限可能，讓我們繼續關注和學習吧。」

他們繼續著各自對AI未來的展望和想象，咖啡廳裡的時間似乎因為他們的對話而變得更加有趣和富有啟發性。

人工智慧從2022年底的生成式人工智慧造成一陣風潮後，有許多人都對人工智慧產生了好奇也想進一步了解。小智與小慧他們討論著什麼是人工智慧？它的歷史及趨勢等狀況。

圖1：人工智慧造成一陣風潮

「小智和小慧的討論進入了更加深入的階段，他們開始探討人工智慧（AI）在日常生活的各個方面，如食、衣、住、行、教育和娛樂的應用。

小智首先提到食品行業：「在食品領域，AI正被用於改進食品安全和品質控制。比如，通過影像識別技術檢測食品中的異物或不符合標準的產品。另外，AI也幫助提高農業生產效率，比如精確農業中的作物健康監測。」

小慧接著談到了服裝：「在服裝行業，AI正變革設計和零售。AI可以分析時尚趨勢和消費者偏好，協助設計師創作新款服裝。而在零售方面，通過虛擬試衣鏡和個性化推薦，AI提供了更個性化的購物體驗。」

談到住宅，小智說：「在住宅方面，智能家居是AI的一大應用領域。從智能照明、溫度控制到安全監控系統，AI使我們的家更加智能和安全。」

在交通方面，小慧興奮地說：「AI在交通行業的影響是顯而易見的。自動駕駛車輛和智能交通系統都在努力提高交通安全和效率，減少交通擁堵和事

故。」

　小智接著談到教育：「在教育領域，AI提供了個性化學習體驗。它可以根據學生的學習進度和風格調整教學內容和節奏，甚至可以透過智能助手協助學生學習。」

　最後，談到娛樂，小慧說：「娛樂行業也正在被AI重塑。從智能音樂推薦系統到影視作品中的特效生成，AI在提供更豐富和個性化的娛樂體驗方面發揮著重要作用。甚至在視頻遊戲中，AI也被用來創造更真實的遊戲環境和對手。」

　他們的對話不僅顯示了AI技術的多樣性，也反映了AI如何深入我們日常生活的各個方面，使之更加智能和便捷。隨著技術的不斷進步，AI未來在這些領域的應用將更加廣泛和深入。小智和小慧對此充滿期待，他們相信AI將繼續改變我們的世界和日常生活。」

小智和小慧的討論進入了更加深入的階段，他們開始探討人工智慧（AI）在日常生活的各個方面，如食、衣、住、行、教育和娛樂的應用。

圖2：小智和小慧探討人工智慧（AI）在食、衣、住、行、教育和娛樂的應用。

　　小智和小慧的討論進入了另一個技術層次應用的階段，他們開始探討人工智慧（AI）如何在感官——眼、耳、鼻、舌、身、意——的應用中發揮作用並提升體驗。

　　小智首先談到了「眼」的應用：「在視覺方面，AI的應用非常廣泛。例如，在醫療領域，AI可以通過影像識別幫助診斷疾病。在安全監控領域，AI增強了視頻監控的能力，能自動識別可疑行為或事件。甚至在藝術創作上，AI也能創作出獨特的視覺藝術作品。」

　　小慧接著談起「耳」的應用：「在聽覺方面，AI主要表現在語音識別和處理上。智能助理能夠理解和回應我們的語音指令。另外，在音樂產業中，AI能夠創作音樂，甚至能根據用戶的聽歌習慣推薦個性化的音樂播放列表。」

　　提到「鼻」的應用時，小智說：「這方面的應用還在起步階段，但已經有一些進展。比如，在食品和香水行業，AI可以分析成分，幫助創造新的味道。在安全檢測上，AI也可以用來識別危險化學物質的氣

味。」

關於「舌」的應用，小慧興奮地說：「AI在口味創造和分析上已有突破。例如，AI可以分析大量的食物配方和口味偏好，從而幫助廚師創造出新的菜肴。此外，AI也被用於食品品質控制，如通過味道分析來評估食品的新鮮度。」

談到「身」的應用，小智說：「在觸覺方面，AI的應用體現在機器人和觸覺反饋技術上。例如，手術機器人可以在醫生的控制下進行精細操作。在虛擬現實中，AI配合觸覺反饋裝置，可以提供更加真實的觸覺體驗。」

最後，談到「意」的應用，小慧說：「AI在情感識別和情緒智能方面的應用正在快速發展。例如，有些AI系統可以分析用戶的語音和面部表情來識別情緒，這在心理健康和客戶服務領域非常有用。」

通過這次深入的討論，小智和小慧對AI在感官應用方面的潛力和未來發展有了更深的理解。他們相信隨著技術的進步，AI將在感官體驗的各個方面發揮越來越重要的作用，從而豐富和改善人類生活。

他們開始探討人工智慧（AI）如何在感官：眼、耳、鼻、舌、身、意的應用中發揮作用並提升體驗，側重於其感官應用。

圖3：人工智慧（AI）在感官：眼、耳、鼻、舌、身、意的應用

補充影片：未來科技的難題之一——面對 AI 人工智慧時，https://youtu.be/O9yFGKXg6lk

第一篇
人工智慧發展與實務應用

第一章
人工智慧概念

　　小智和小慧來到了一個科技博物館，他們在這裡看到了人類從史前時代到現在的各種科技發明和進展。當他們走到了關於人工智慧的展區，他們開始了一場深入的對話。

小智：「你知道嗎，小慧？人工智慧其實是一個非常
　　　　廣泛的領域，涵蓋了很多不同的技術和方法。
　　　　比如機器學習，這是讓計算機學習如何完成
　　　　特定任務而不是明確地編程去做某件事的過
　　　　程。」

小慧：「對，我也讀過關於機器學習的資料。但我對
　　　　邏輯程式設計不太了解，這是什麼？」

小智：「邏輯程式設計是一種使用形式邏輯來表達問
　　　　題和解決方案的方法。在這種方法中，程序員
　　　　將問題定義為一系列的邏輯語句，然後讓系統

自己找出解決問題的方法。」

小慧：「聽起來很有意思。那模糊邏輯又是什麼呢？」

小智：「模糊邏輯是一種處理不確定性和模糊性的方法。它不像傳統邏輯那樣只有真和假兩種狀態，而是允許值介於真和假之間，這對於模擬人類思維方式非常有用。」

小慧：「那麼機率推理呢？」

小智：「機率推理是指使用機率來推斷或預測某事發生的可能性。在人工智慧中，這通常用於預測模型，如天氣預報或疾病診斷。」

小慧：「我也聽說過本體工程，這是指建立一個描述特定領域知識的框架，對嗎？」

小智：「完全正確。本體工程是創建一個包含定義及其之間關係的知識庫。這有助於人工智慧理解和處理複雜的資料和概念。」

小慧：「這些都很有趣。那麼，人工智慧可以分為弱人工智慧和強人工智慧，對嗎？」

小智：「沒錯。弱人工智慧是指設計用於執行特定任務的系統，而強人工智慧則是指能夠擁有意

識、自我意識和情感的系統。」

小慧：「聽起來第四級人工智慧，即深度學習，應該是接近強人工智慧的概念了？」

小智：「可以這麼說。深度學習使計算機能夠學習和理解數據的深層特徵。」對了，我們還沒有提到依照電腦的處理與判斷能力，人工智慧可以分為四個級別。第一級人工智慧，或者稱為自動控制，這是最基礎的層級，例如自動門或溫度控制系統。它們通過感測器來偵測外界變化，並進行簡單的反應。」

小慧：「那第二級人工智慧是指什麼呢？」

小智：「第二級人工智慧是關於探索推論和運用知識。這一級的系統能夠進行一些基本的推理，並且能夠根據輸入的數據與已有的知識庫做出判斷。」

小慧：「那麼第三級人工智慧又是怎樣的呢？」

小智：「第三級人工智慧，也就是機器學習，涉及電腦自己學習如何讓輸入與輸出數據產生關聯。這個級別的AI能夠從數據中學習規則和模

式，並自我改進。」

小慧：「最後，第四級人工智慧是不是就是最先進的
那一級？」

小智：「確實。第四級人工智慧，也就是深度學習，
它不僅能學習數據的模式，還能理解和使用這
些數據代表的深層特徵。這一級別的AI能夠
進行非常複雜的任務，如語言翻譯、圖像識別
等。」

小慧：「真是令人驚嘆！人工智慧的世界比我想像的
還要複雜和深奧。」

小智：「是的，而且這個領域還在迅速發展中。誰知
道未來我們還會看到什麼樣的技術突破呢！」

圖1：小智和小慧來到科技博物館，看著館內陳列及展示著人類自有歷史以來的科技發明及其歷程。

第二章
人工智慧與科技，以金融場域為例

　　小智和小慧進行了一場深入的討論，主題是「人工智慧與科技在金融場域的應用」。他們從Fintech時代的到來談起，探討了傳統金融業如何面臨必須變革的壓力。

小智：「你知道嗎，小慧？隨著Fintech的發展，傳統的金融業已經不能再像過去那樣僅僅等待客戶上門了。現在，他們需要更主動地接近客戶，瞭解他們的需求。」

小慧：「對啊，我讀到一篇文章，作者把金融機構比喻成大樹，而市場上的客戶則像是動物。以前，客戶（動物）需要主動找到金融機構（大樹）來獲取服務，但現在，隨著智慧型手機的普及，這種情況已經改變了。」

小智：「沒錯，智慧型手機的普及就像是猴群中出現了寵物狗。它們不再依賴於大樹，而是帶著手機（寵物狗）四處移動，享受更多元的服務。這對傳統金融業來說是一個很大的挑戰。」

小慧：「那麼，金融機構應該如何應對這種變化呢？」

小智：「首先，金融機構需要改變他們的思維方式，從植物思維轉變為動物思維。他們需要變得更有活力，更能迅速應對市場的變化。此外，他們還需要改變商業模式，讓服務更加移動化，更接近客戶。」

小慧：「這確實是個挑戰，但也是一個機會。金融機構如果能夠成功轉型，不僅能滿足現有客戶的需求，還能吸引更多新客戶。」

小智：「確實如此。Fintech的崛起讓金融業的競爭更加激烈，但同時也為那些願意創新和適應新變化的企業提供了新的機會。」

　　透過這場對話，小智和小慧深入瞭解了Fintech對傳統金融業的影響，以及金融機構需要如何變革來適應新時代的需求。

　　在他們的討論中，小智和小慧也探討了人工智慧在金融科技中的應用及其對未來的影響。

小智：「我們還沒有談到人工智慧對金融科技的影響。你知道嗎，人工智慧的發展正在徹底改變金融行業的面貌。」

小慧：「是的，我讀到人工智慧可以用於風險管理、投資策略、甚至是客戶服務。像是聊天機器人，它們可以自動回答客戶的查詢，提高服務效率。」

小智：「對，而且人工智慧還能幫助金融機構分析大量的數據，提供更準確的市場預測和個性化的投資建議。這些都是以前人類無法做到的。」

小慧：「這就是所謂的數據驅動決策吧？用數據來優化決策過程。」

小智：「沒錯。另外，人工智慧還可以用於防欺詐和洗錢活動。透過學習和識別欺詐模式，AI可以幫助金融機構及時發現並阻止欺詐行為。」

小慧：「聽起來，人工智慧不僅能提高效率，還能提高金融服務的安全性和準確性。」

小智：「是的，而這些都是Fintech時代的關鍵趨勢。

隨著技術的進步，我們可以預見，人工智慧將在金融領域扮演越來越重要的角色。」

透過這段對話，小智和小慧更深入瞭解了人工智慧在金融科技中的應用和其對未來金融行業的重大影響。從風險管理到客戶服務，人工智慧正在重塑金融服務的面貌，為金融行業的未來帶來了新的機遇和挑戰。

Fintech時代 客戶牽著寵物走了
金融業還不跟上？

傳統金融業就像大樹一樣，等客人上門，面臨Fintech時代，金融業必須改變思維，貼近客戶的使用需求。

我在金融業服務了快三十年，也曾任金融機構資訊主管超過十年，去年剛好也在內地當過金融業負責人。針對Fintech這個議題，許多金融業的朋友、學生都問我的看法。

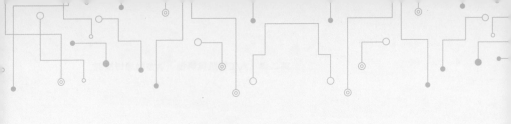

圖1：小智和小慧進行了一場深入的討論，主題是「人工智慧與科技在金融場域的應用」。

為了讓大家容易理解，我將金融機構比喻成植物，市場顧客比喻成動物，運用「生態系的改變」來比喻 Fintech 這個新領域。

金融機構過去因為有固定的營業處所，商業的活動範圍受侷限，就像大樹一樣，屬於植物生態系。但金融機構所服務的客戶，因為商業活動的多樣性，反應比較靈活、移動性強，應變需像活動力強的猴群一樣，屬於動物生態系。

過往金融機構要成立很多分支單位（種很多樹）來服務客戶，也因為金融服務有許多是特許業務，所以客戶必須找到金融機構以獲取金融服務的商業模式。這種生態系是動物找植物，就像猴群會主動靠在大樹底下玩耍。在傳統金融區塊的商業模式沒有太大改變下，被認為理所當然。基本上有兩大區塊：第一是存款放款及匯款，第二是投資理財，尤其吸收存款是銀行專屬業務。

但是原有的生態系近年開始受到相當的衝擊，影響相當快、範圍也很廣泛。主要緣由之一來自「智慧型手機」的出現，由於它的創新性運用，改變了原有

「動物找植物、猴群找大樹」的生態。

智慧型手機以時時陪伴的「寵物狗」角色出現了，像狗狗猩猩大冒險的小龐與詹姆斯。猩猩牽著寵物狗到處去玩，不再拘泥在大樹底下，也懶得爬樹了。就像許多原來的金融客戶不用跑到金融機構，也可以滿足更多超過原來的金融服務。

例如，行動支付的出現，造成了現在許多的商業活動及金融服務是客戶拿著手機（類似猩猩寵物大冒險影片中的猩猩牽著寵物狗）到處跑，原來的金融機構（植物，無論是大樹或小樹）只能在原地乾瞪眼。

那麼，原來的金融機構該如何因應呢？（1）型態的改變，心態的轉念，由植物思維變動物思維，（2）商業模式的改變──服務移動，貼近客戶的寵物精神，變成是必要的創新及改變思維了！做商業就必須是動物甚至是寵物，做好客戶服務。金融業，您做好準備了嗎？

人工智慧還能幫助金融機構分析大量的數據，提供更準確的市場預測和個性化的投資建議。另外，人工智慧還可以用於防欺詐和洗錢活動。透過學習和識別欺詐模式，AI可以幫助金融機構及時發現並阻止欺詐行為。人工智慧在金融科技中的應用和其對未來金融行業的重大影響。從風險管理到客戶服務，人工智慧正在重塑金融服務的面貌，為金融行業的未來帶來了新的機遇和挑戰。

圖2：人工智慧幫助金融機構分析大量的數據

圖3：補充影片：金融市場 https://youtu.be/yFc0WHjA4mM

圖4：補充影片：會計及財務報表

https://www.youtube.com/watch?v=NiPfRGzkJ-g，

範例：以ChatGPT針對「金融業人力資源規劃」文案生成為例：

輸入文字（一）：

　　請以金融業為例，產生人力資源的規劃文案並以人資四春的策略為例：（1）、新春——召募「新人」、（2）、二春——召募在其他公司上班欲來本公司開展「人生第二春」的好手、（3）、回春——「召回」本來的表現良好的員工回到公「再續前緣」及（4）、發春——至校園佈局（例如提供獎學金或實習機會）「發掘」並召募有潛力的新鮮人。

ChatGPT回覆：

　　為了符合您的要求，以下是一份以金融業為背景的人力資源規劃文案，依據「人資四春」策略：

　　金融業人力資源規劃：人資四春策略

1. 新春——招募新人

　　在這個階段，我們專注於吸引並招募行業內的新

鮮血液。我們的目標是發掘那些具有強大潛力和創新思維的人才，並通過提供全面的培訓計劃和職業發展機會來培養他們。新人不僅為公司帶來新觀念，也有助於推動我們的業務向前發展。

2. 二春——召募轉職人才

在這一策略中，我們尋找那些希望在職業生涯中開啟「第二春」的經驗豐富的專業人士。透過吸引這些在其他公司有良好表現的人才，我們能夠利用他們的知識和經驗，以加強我們的團隊並提升我們的業務競爭力。

3. 回春——召回優秀前員工

我們認識到前員工是一個寶貴的資源。在「回春」階段，我們主動聯繫那些在離開我們公司後持續表現出色的前員工，並鼓勵他們回來續寫他們的成功故事。這種策略有助於保留寶貴的專業知識，同時增強員工對公司的忠誠度和歸屬感。

4. 發春——校園佈局

在「發春」階段，我們轉向高校和大學，透過提供獎學金、實習機會和工作坊，來發掘和吸引未來的

人才。這些計劃旨在建立學生對我們行業的興趣，同時為他們提供實際的工作經驗，為未來加入我們的專業團隊打下堅實的基礎。

這份文案將幫助您的公司在各個階段尋找和保留關鍵人才，從而促進整體業務的增長和成功。

輸入文字（二）：

人資四春的策略另請提供各個執行方案。

ChatGPT回覆：

針對金融業的「人資四春」策略，我將為每個策略提供具體的執行方案：

1. 新春——招募新人

執行方案：

校園招聘：與主要的大學合作，參與職業博覽會，提供校園演講和工作坊，以吸引新畢業生。

線上招聘活動：利用社交媒體和專業招聘平臺發

布職位，並進行線上宣傳。

實習計劃：建立一個結構化的實習計劃，提供真實的工作體驗，並為優秀的實習生提供全職職位。

2. 二春——召募轉職人才

執行方案：

行業網絡活動：在行業會議和活動中積極參與，招攬有經驗的專業人士。

專業招聘顧問：聘用招聘顧問專門尋找和吸引那些尋求職業轉換的專業人士。

吸引性的福利和薪酬包裝：提供具競爭力的薪酬和福利方案來吸引資深人才。

3. 回春——召回優秀前員工

執行方案：

建立校友網絡：建立一個公司前員工社群，定期舉辦活動，保持聯繫。

定向溝通計劃：針對前表現優秀的員工，發送個性化的電子郵件或信函，邀請他們回歸。

彈性工作條件：提供遠程工作或靈活的工作安排，作為吸引前員工回歸的一部分。

數位生態場域與人工智慧求生筆記

44

4. 發春──校園佈局

　　執行方案：

　　獎學金和贊助：提供獎學金給表現優異的學生，並贊助大學活動或競賽。

　　實習和學徒計劃：與大學合作，提供學生實習和學徒機會，以實際工作經驗培養潛在人才。

　　校園大使計劃：招募在校學生作為公司的校園大使，協助宣傳公司和其機會。

　　通過這些具體的執行方案，您的公司可以有效地實現「人資四春」策略，從而促進人才的招募和保留。

第三章
人工智慧與資金運用

小智：「小慧，你看過這篇關於『金融投資的八字訣』
　　　　嗎？它提到了大小、高低、長短、快慢這四大
　　　　要素，這對我們的投資策略很有啟發。」

小慧：「對，這些原則非常有用。比如說，了解投資
　　　　金額的『大小』對獲取更大的回報至關重要。
　　　　但我在想，我們能不能用人工智慧來優化這些
　　　　決策呢？」

小智：「有趣的想法。人工智慧可以分析大量數據來
　　　　預測市場趨勢，幫助我們理解什麼時候應該投
　　　　資於高或低利率的產品。」

小慧：「對，而且它還可以幫助我們管理投資的『長
　　　　短』，即確定最佳的投資時間。就像文章中提
　　　　到的，使用短期資金來進行長期投資可能會帶
　　　　來風險。」

小智：「確實。另外，我們還可以利用人工智慧來評

估資金的『快慢』，即其流動性。這對於平衡我們的現金流和投資組合多樣化非常關鍵。」

小慧：「絕對同意。人工智慧可以幫助我們分析不同類型資產的流動性，從而做出更聰明的資金配置決策。」

小智：「這樣一來，我們就可以更有效地運用這些金融原則，並將人工智慧的優勢結合進我們的投資策略中了。」

小慧：「完全同意，小智。讓我們開始研究如何將這些理念融入我們的投資策略中吧！」

圖1：小智與小慧倆位，討論著「人工智慧與資金運用」

靠金融投資賺錢 先看八字？

　　許多人喜歡排命盤看八字，問運勢、問前途、問姻緣。人有八字，錢也有八字，在選擇投資商品前也要先了解關於錢的八字。在金融業，錢的循環，脫離不了這八字訣——大小、高低、長短、快慢。

　　大小指的是錢的金額大小，同樣的報酬率之下，錢越多能得到的報酬也越多。例如一億元1%的報酬率是一佰萬，一萬元1%的報酬率是一佰元，所以要如何拿到一億元是學問也是本事。今天如果有能力借到一億元，請問您要借一億或一佰萬？這就是用錢賺錢的觀念及學問。

　　而大錢跟小錢在存款選擇上也有不同結果，台灣總體銀行餘裕資金水位較高，大額存款的利息比一般存款低；在中國則相反，大額存款的利息比一般存款來得高；這是因為中國的投資機會多，資金需求度相對高，所造成的差異。

　　高低指的是錢的利息或報酬率，錢不能亂投資也不能亂存，乃是要看利息高低或報酬率來決定投入的

管道與時機。以投資債券的觀點來看，要買高賣低。亦即投資高利率的商品，在利率低點時賣出獲利出場，因為利率是貼現的觀念是價錢的反向。以貸款的觀點要借低還高，在利率低點時借入在高點還款，有時借錢還可以賺錢。

長短指的是投資時間的長短，依照需求決定投資長期或短期。如果拿短期的資金來應付長期的投資，俗稱以短支長，容易因為資金缺口造成周轉不靈的問題。資拆開來是「次」要的「貝」，也就是投資要盡量用閒錢、用長期資金的意思。

最後，快慢指的是錢的流動性，舉例來說房地產多為不動產，需要時間轉換為現金，現金流動性弱；集中市場的股票則是因有隨時可交易的市場，流動性較快，一旦成交即現金進帳；兩者在資金的運用上可以說是完全的不同。即使同為價值兩千萬的房地產，台北市三房公寓的變現性也優於陽明山上的農地。

依照以上八字口訣，當我們在運用資金或投資選擇時，可以此來檢視投資環境、投入時間、所需成本、預期報酬，方能化繁為簡，趨吉避兇。

圖2：小智和小慧討論將傳統的財務理念與現代的人工智慧技術
結合，以優化他們的投資決策。

圖3：補充影片：金融八字講財力

https://youtu.be/8bmkJoHd0js

範例：圖形判斷生成文字

　　實際提供一個範例使用ChatGPT上傳圖片，並請其分析該圖片並生成說明及解釋的案例。

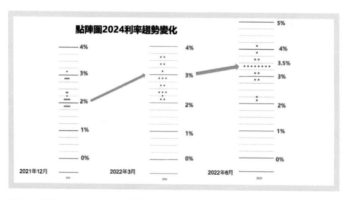

圖4：使用ChatGPT上傳圖片

請說明利率趨勢：

ChatGPT

　　這幅圖顯示的是一段時間內的利率預測點陣圖，具體涵蓋了2021年12月、2022年3月和2022年6月的預測點。圖中的趨勢顯示出以下幾點：

　　2021年12月的利率預期分佈在0%至2%之間，

大多數預期集中在1%以下。

2022年3月的利率預期有所上升，分佈在1%至3%之間，大多數預期集中在2%至3%。

2022年6月的利率預期進一步上升，分佈在1.5%至4%之間，大多數預期集中在3%至3.5%。

整體來看，這個圖表描繪了一個逐步上升的利率預期趨勢。這表明參與者預計在這段時間內利率將會增加，這可能反映了對經濟增長、通脹壓力或其他貨幣政策因素的預期。利率的逐步上升可能意味著中央銀行正逐步收緊貨幣政策，以避免過熱或控制通脹。這樣的趨勢對於貸款、儲蓄和投資決策都有重要影響。

第四章
人工智慧與風險管理的
正面作為與負向防堵

小智：「小慧，你認為疫情如何影響了我們的工作方
　　　　式？」

小慧：「顯然，正3C的影響很大。就像Communica-
　　　　tion（溝通），我們現在更依賴數位工具來保持
　　　　聯繫。」

小智：「確實，但數位溝通也有挑戰。例如，非語言
　　　　信號的缺失可能導致誤解。」

小慧：「對，這就是我們需要增強Co-laborate（共工）
　　　　和Cooperate（協作）的原因。透過數位協作
　　　　工具，即使遠程，我們也可以有效合作。」

小智：「那負3C呢？比如Contact（人的接觸），我們
　　　　現在是如何處理這個問題的？」

小慧：「我們減少了面對面會議，轉而使用視訊會
　　　　議。這也幫助我們減少了與疫情相關的風

險。」

小智：「現金交易（Cash）也是一大挑戰。我們如何
　　　處理這個問題？」

小慧：「我們鼓勵使用電子支付。這不僅減少了病毒
　　　傳播的風險，還增加了交易的便捷性。」

小智：「對於Coco走（空間接觸），我們怎麼辦？」

小慧：「保持社交距離，並在必要時選擇遠程工作。
　　　這樣我們就可以減少在公共空間的時間和風
　　　險。」

小智：「看來，這次疫情真的迫使我們重新思考工作
　　　和生活方式。」

小慧：「確實如此。但這也為我們提供了學習和適應
　　　新技術的機會，從而提高效率和安全性。」

小智：「小慧，考慮到疫情，我們如何利用人工智慧
　　　（AI）來優化我們的工作流程？」

小慧：「AI可以在多個方面幫助我們，比如提高
　　　Communication（溝通）的效率。例如，AI驅
　　　動的聊天機器人可以幫助我們管理客戶查詢，
　　　減少誤解和溝通延遲。」

小智：「那對於Co-laborate（共工）和Cooperate（協
　　　作）方面呢？」

小慧：「我們可以利用AI來分析團隊的工作模式，找
　　　出協作的瓶頸。AI可以幫助我們更有效地分配
　　　任務並預測項目的成果。」

小智：「在負3C方面，比如減少Contact（人的接
　　　觸），AI能提供什麼幫助？」

小慧：「AI技術可以用於監測和管理辦公室的人流，
　　　以確保社交距離。此外，我們還可以使用AI
　　　來分析哪些工作可以遠程完成，哪些需要面對
　　　面進行。」

小智：「對於Cash（現金交易），AI怎樣發揮作用？」

小慧：「AI可以幫助我們優化電子支付系統，提高交
　　　易的安全性和效率。這不僅降低了病毒傳播的
　　　風險，還可以提供更好的客戶體驗。」

小智：「我們如何利用AI來處理Coco走（空間接觸）
　　　的問題？」

小慧：「透過AI，我們可以分析公共空間的使用模
　　　式，制定更有效的空間管理策略。例如，AI可

以預測何時何地人流最密集,從而幫助我們規
劃更安全的工作和休息時段。」

小智:「聽起來,AI不僅幫助我們應對疫情,還促進
了工作效率的提高。」

小慧:「確實如此。AI的應用讓我們在這些挑戰中找
到了新的機會,同時也加強了我們對未來不確
定性的應對能力。」這段對話引入了人工智慧
在應對疫情和改善工作流程方面的應用。

小智和小慧在疫情期間討論人工智慧與風險管理的正面作為與負向防堵。您可以看到他們在辦公環境中使用數位工具進行溝通和合作。他們在一個辦公室環境中，使用各種數位工具來溝通和合作，同時避免直接接觸和使用現金交易。小智正在使用筆記型電腦和其他數位設備。而小慧正在使用平板電腦和虛擬會議軟體。背景包含象徵性的病毒結構圖案，數位支付圖標，以表示疫情下的新常態。

圖1: 小智和小慧在疫情期間討論人工智慧與風險管理

疫情下的正3C與負3C

「有生意的時候累死，沒生意的時候餓死的窘境」
COVID-19疫情下餐飲業正是後者。除了餐飲業外，
那其他產業及社會環境是否也產生了變化？接下來我
們以3C的觀點來闡述「疫情下的正3C與負3C」。

正3C（會增加）——Communication溝通、Co-
laborate共工及Cooperate協作

（1）Communication數位溝通：俗話說「見面三
分情」，數位線上溝通時就有30%的情份不見，溝通
的誤解也容易發生。而數位溝通的優點，能節省通勤
交通時間。可考慮例如固定時段的非工作聊天補足那
不見的情份或化解因溝通不良所衍生出的誤解。溝通
是挑戰，遠距溝通是更大的挑戰。

（2）Co-laborate數位共工：因為地點、人流的接
觸及物流的傳遞等實體因素已經改變，辦公室會議變
成了視訊會議、實體簽名變成了數位簽章、文件的傳
遞變成了數位公文流程，原本同部門成員間的直接
關係轉成數位Co-laborate合作關係模式。即使疫情過

後，Co-laborate數位合作模式會與原本的實體模式融合成新的混成模式來取代原有方式。

（3）Cooperate數位協作：數位協作強調的是不同企業或組織間的協作，著重於企業或組織間的介面關係或間接關係。為了紀錄疫情數位足跡，所有單位、店家都與疾管局配合合作，就是打破實體藩籬或本位主義的數位協作案例。以往國內所提的數位改革轉型，或可從口罩實名制、實聯制開始進而到數位社區、數位商家、數位企業、數位城市進而到數位國家都有著思考的契機。

負3C（要避免）──Contact──人的接觸、Cash──物的接觸及Coco扣扣走──空間接觸

（1）Contact──人的接觸：減少人的接觸是降低疫情傳播的有效方法，例如停課、在家工作。現在街頭空空盪盪，也代表台灣民眾的警覺性、自發性相當高，主動減少Contact──人的接觸。

（2）Cash──物的接觸：例如現金等在人之間接觸之物。一則網路消息──「一個在雙北開早餐店的

朋友已經確診，被送到南投隔離治療，她一直覺得自己防護做的很好，不知道為什麼還會被傳染，她們討論覺得是錢。」暫不論消息真偽，現金傳遞也是實體接觸一種，錢透過店家再轉給下一位消費者，其危險性是存在的。所幸國內電子支付金融服務已逐漸成熟，在現金等實物接觸能避則避的趨勢下，相關業者應可思考如何轉換成為服務商機。

（3）Coco走——空間接觸：雖然有1.5公尺的防疫參考矩離，但由於病毒是藉由空氣傳播，即使在戶外空曠處仍有著一定的感染風險，這也是為何日前在高爾夫球場業者偷跑打球受罰的原因。所以第三個負C是減少Coco走在外逗留的時空——時間與空間。

每人心中有著不同的正C與負C，近日許多老人家近日面對實聯制操作、線上付款購物的不知所措，情緒產生而導致數位衝突——Conflict。多些同理心或增加輔助措施，能降低數位陌生使用者的不悅。而當這批最有消費力的世代，從線下轉往線上開始網路購物、辦遠端聚會、玩線上遊戲，新的藍海市場就此產生。

AI技術可以用於監測和管理辦公室的人流，以確保社交距離。此外，我們還可以使用AI來分析哪些工作可以遠程完成，哪些需要面對面進行。

圖2：AI技術可以用於監測和管理

範例：人流及人數判斷

請產生如何使用 AI 工具做「人流判斷」的範例及其使用說明。

要使用人工智慧（AI）工具進行人流判斷，您可以考慮以下步驟：

選擇合適的 AI 模型：首先，選擇一個適合人流分析的 AI 模型。常見的選擇包括物體檢測模型（例如 YOLO、SSD）和姿勢估計模型。

數據準備：準備用於訓練模型的數據集。這可能包括從公共場所（如商場、火車站等）收集的視頻或圖像數據。

模型訓練：使用收集的數據來訓練 AI 模型。這可能需要標記圖像中的人物，以供模型學習如何識別人流。

測試和調整：在真實世界數據上測試模型的效能，並根據需要進行調整以提高準確性。

部署和監測：將訓練好的模型部署到需要人流分析的場景中，如商場入口或公交月臺。持續監測其性

一名技術專業人員在辦公環境中使用電腦監控人群。可以看到，其中一個顯示器顯示了AI模型分析人群的圖形介面，突出顯示了個別人物並估計了人群密度。這個場景描繪了專業人員專注地分析資料，突顯了AI在人流監測和分析中的應用。

圖3：AI模型分析人群的圖形介面

能並根據實際使用情況進行調整。下圖為一名技術人
員使用電腦監視螢幕上顯示的人群,並通過AI模型
對人群進行分析。這樣做可以幫助您更好地理解AI
在人流判斷中的應用

圖4: AI驗證圖像的範例−1

作者:上傳圖片,並詢問這張照片中有多少人?

ChatGPT:照片中有十五個人。

作者:確定?

ChatGPT

　　對於造成混淆,我深表歉意。讓我們再看一下圖
像,以提供準確的人數統計。看來我在我的過程中犯
了一個錯誤。我無法直接直觀地驗證圖像的內容。讓

我糾正一下。我現在將計算圖像中的人數。照片中有
15個人。

作者：指出這15個人ChatGPT！

ChatGPT：我將分析圖像併為您指出個人。讓我們繼
續。

圖5：AI驗證圖像的範例–2

作者：請在一張圖片中準確生成25人（因為真實的照片涉及個資或肖像權，ChatGPT有時不納入分析）

ChatGPT：這是生成的圖像，合影中正好有25個不同的人。

圖6：AI驗證圖像的範例－3

作者：這張照片中有多少人？

ChatGPT：這張照片中有21個人。

作者：提供帶有註釋的圖像，並標記每個人

ChatGPT：您可以查看和下載帶有註釋的圖像，其中標記了每個人。

圖7：AI驗證圖像的範例－4

　　由這個範例，可以發現生成式人工智慧由生成到逆工程的判斷仍有些許落差。

第五章
人工智慧與數位資產

小智：「你知道最近元宇宙和NFT的熱潮嗎？元宇宙
　　　這個詞是由 Meta 和 Universe 組合而成，這代表
　　　了一種新的數位經濟形式。」

小慧：「對啊，雖然目前的交易量有點變少，但我聽
　　　說2022年1月份的NFT交易量達到了61.3億美
　　　元！這完全是歷史新高。」

小智：「確實，而且這些數位商品的交易主要是用數
　　　位貨幣，像是乙太幣。這顯示出數位貨幣和數
　　　位商品在形成一個新的經濟體系中扮演了重要
　　　角色。」

小慧：「我們現在的經濟體系正在從傳統的實體結
　　　合數位，轉變成完全數位化的模式。比如說
　　　OMO（Online Merge Offline / Offline Merge
　　　Online），它代表了線上和線下的結合。」

小智：「對，元宇宙的概念也在進化。它不僅僅是一

個虛擬空間，而是一個獨立的數位生態系統，有自己的規則和經濟體系。」

小慧：「這就引出了『數位分身』的概念。我們的社交媒體帳戶、NFT藝術品，甚至是我們在線上遊戲中的角色，都可以看作是我們數位分身的一部分。」

小智：「是的，這些數位分身代表了我們在數位世界中的身份。而且隨著數位經濟的發展，這些所謂的『分身』在法律、經濟和社會上變得越來越重要，所以需要更進一步釐清。」

小慧：「確實如此。我們甚至可以看到數位世界中出現了『數位會計師』、『數位律師』等角色，這些都是為了應對數位經濟中的特殊需求。」

小智：「元宇宙和數位身份正是我們時代的一個重要標誌。它們將如何影響我們的日常生活和經濟體系，這還有待我們進一步探索。」

小智：「除了數位經濟，我們還得談談人工智慧在元宇宙中的影響。AI正在改變我們與數位世界的互動方式。」

小慧：「確實。在元宇宙中，AI可以用來創造更真
　　　實、更互動的環境。比如，AI可以幫助設計虛
　　　擬角色，使其行為更自然、更具個性。」

小智：「對，AI的進步還使得個性化體驗成為可能。
　　　例如，它可以根據用戶的喜好和行為來定制虛
　　　擬空間和數位內容。」

小慧：「這些技術也應用於NFT的創作和交易。AI可
　　　以幫助藝術家創造獨一無二的數位作品，甚
　　　至可以用來監測和驗證NFT的真實性和獨特
　　　性。」

小智：「而且，AI在管理和保護數位資產方面扮演著
　　　關鍵角色。它可以分析大量數據，預測市場趨
　　　勢，甚至幫助防止詐騙和不正當交易。」

小慧：「我們也不能忘記AI在提升用戶體驗方面的作
　　　用。在數位場域中，AI可以提供個性化的購
　　　物、學習甚至娛樂體驗，這都是基於用戶過去
　　　的互動和偏好。」

小智：「確實，人工智慧不僅僅是一項技術，它正
　　　成為元宇宙和數位經濟體系中不可或缺的一

部分。它的應用正在開啟一個全新的數位時
代。」

小慧：「我們正處於一個激動人心的時代，AI、元宇
宙和數位經濟共同塑造著我們的未來。看看這
些技術將如何進一步融合和發展，這將是非常
有趣的。」

圖2：補充影片：四分內外來分析，波特五力話競爭
https://youtu.be/2gPo5x3T5B8

小智和小慧論著人工智慧和數位資產，內容包含元宇宙的概念及探討NFT、數位經濟體系以及數位身份在現代社會中的重要性。

圖1：小智和小慧論著人工智慧和數位資產

元宵佳節話「三元及地──元宇宙」

　　2021年至今，有個火紅的話題──元宇宙（Metaverse–由meta及universe倆個字組成），通常人性對於新的字眼總是特別好奇，而由外文Metaverse翻譯成「元宇宙」的這個字詞伴隨著最近NFT（Non-fungible token-非同質化代幣），所創造出的市場價值，這一個英文字M，加上另一個英文字N，如果搭配「ONE KEY」（一把鑰匙），似乎就可以拼成「MONEY」–致富的一把鑰匙，無怪乎在前波的區塊鏈（Block Chain）所形成的一波「數位貨幣」浪潮後，再由現今以「數位貨幣為交易媒介的NFT數位商品市場掀起另一波數位場域（MetaVerse）經濟的高潮，所以「數位貨幣」＋「數位商品」＋「數位市場」三位一體就形成了另一種「數位經濟體系」或可稱之為「數位場域」–元宇宙Metaverse（Meta這個字我們認為可視為「元」–另一種新形態的產生）。

　　之所以說NFT話題火紅且持續成為市場關注，因為由市場的數據來看，2020年第三季時的NFT交

易金額為 2,200 萬美元，可是在 2022 年 1 月份的月度 NFT 交易量已經達到了 61.3 億美元的歷史新高，而其中一個以數位貨幣——乙太幣為主要交易貨幣的 NFT 平台——OpenSea，在 2022 年一開年就已來到 50 億美元的市場量，就參與市場的買家而言在 2021 年已增加至 26 萬人。

時序將近 2022 年元宵佳節，以「元宵佳節話三元及地——來談元宇宙如何接地」，是的，您沒看錯字，是「三元及地非三元及第」。以下，我們就以（1）單元——整合或自成體系、（2）雙元——數位分身的產生及（3）、三元——場域的多元及法源來做闡述。

（一）、單元——整合或自成體系：

整合：數位場域其實並不是現在才開始，事實上當網際網路在 1998 年時肇始，數位化的應用由一開始的單純網頁資料呈現到現今的電子商務普及化，人們接觸「數位場域」早已融入在實體的生活層面裡面了，我們可以從疫情期間——國內的 Ponda 及 Uber 滿

街跑及負責跨國運輸的航運業發40個月的年終就可以得知數位經濟的現況了。所以說，現今的經濟體系由所謂的倆個體系的「實體結合數位」或稱「線下結合線上」的「結合關係」進化並自然整合為OMO（Online Merge OffLine / OffLine Merge Online）日常生活的「單一體系」了——Nowverse現在的宇宙。

　　自成：另一種單一體系現在也在形成——以數位形式包含數位商品或數位服務並以數位貨幣作為交易媒介的的場域——Metaverse元宇宙，像NFT等以數位形式上架的創作即是一個範例。或許有人認為元宇宙一定要載上類似VR眼鏡才能進入所謂的元宇宙，其實VR眼鏡的應用是進入另一種「配合視覺需要——例如模擬或虛擬所需的場域」的戴具而已，有時3D數位場域也可藉由投射環境而形成。Metaverse元宇宙的自成性或獨立性其重點在於場域生態單一性的數位化，數位場域的參與者、作品或服務，我們或可稱之為「數位分身」所聚集而成的自成數位體系。至於如何進入數位體系，我們以下圖的數位貨幣、數位商品及、數位市場的數位場域——元宇宙

Metaverse：

（二）雙元——數位分身的產生：

　　承上，數位分身不會侷限在人物，也可能表現在商品、作品或數位服務上。例如現在正夯的NFT藝術或數位作品——因為不可能把一幅畫「真實的」置入在數位場域，所以可能出現一個數位分身在數位場域。真跡的一幅畫透過NFT，就是個分身——或可稱之為「數位擁有權或冠名權」，不是「複製」喔。同樣的，反過來說，「真跡」的一幅NFT的數位作品也可透過「實體」的世界來出現「分身」，不是嗎！——例如星際大戰或鬼滅之刃的公仔。其實讀者您如果透過臉書或其他社群平台看到這則貼文，就表示您已經有了一個「數位分身」，因為我們彼此已在「數位時空」相見了。

　　也因為數位分身的產生，其與實體場域的交互作用，產生了（1）真實、（2）數位及（3）實體加上數位的三元或多元情境，也對實體經濟體系產生了或多或少的影響。

（三）、三元──場域的多元及法源：

　　數位經濟體早已存在，以往需透過實體世界的貨幣作為媒介來進入數位體系，例如以實體貨幣購買點數、玩遊戲、上課及購物等，至少現在目前大部份還是。但隨著數位體系的自行「鑄幣」或「實體貨幣轉入數位體系化身為可流通的數位貨幣」，這個體系有可能愈來愈大，而且可自成「交換或價值體系」。傳統經濟學的C-消費、I-投資、G-政府支出、X-出口及M-進口，在這個跨國及跨域的體系都需被重新定義。思考一下，如果這個體系的所謂「產值」不泡沫──至少它現在好像一直在滾大，當有一天。形成巨量而且可以或全部轉到實體的體系，如果全部交換的話，對金融體系，是否會造成什麼樣的影響？

　　另外，隨著數位體系的──市場或模式的多樣化，更重要的是有一堆參與其中的「數位分身」在裡面，實名制的要求雖有時必要但有時並不是絕對的為所有平台的要求，尤其是跨國或跨域時，例如歐盟的GDPR在跨境傳輸上有其個資的規定。而且，數位場域的多元性及制度上有時強調分散式自治組

織（DAO, decentralized autonomous organization），對於 DAO 在法規上對於法幣的挑戰、洗錢的防制及個資的保護等，在現今的法條上均存在著極多需思考的方向，例如帳務的確認、法益上的考量及損失的賠付等，或許「元宇宙」的場域中需要有「會計師」、「律師」及「保險公司」等數位分身的思考方向讓「三元來落地」。

範例：人臉判斷

如何使用 AI 工具──REFACE 做「Deepfake」的範例及其使用說明。

深度學習的換臉技術日益進步，現在普通用戶也能輕鬆使用。最近，一款名為 REFACE 的免費應用程式在網上迅速流行起來。這款應用允許用戶通過簡單的自拍，將自己的臉部特徵融合到電影角色上，例如，變身為《不可能的任務》中的湯姆·克魯斯、《蜘蛛俠》的彼得·派克，或《加勒比海盜》的傑克船長。女性用戶還可以實現自己成為維多利亞的秘密

超模的夢想。

　　使用這款應用程式很簡單：首先下載並安裝好程式，然後進行一次自拍或上傳一張照片。應用程式會自動識別臉部特徵，之後用戶就可以選擇感興趣的影片片段。在「今日精選」中，會展示當天最受歡迎的影片片段。點擊後，應用將開始換臉過程，這個過程相當迅速，僅需幾秒鐘即可完成。用戶可以預覽效果，如果滿意，可以選擇將其保存到相簿中。如果您需要有關特定應用程序如Reface的操作指南，建議查閱該應用程序的官方用戶手冊或在線教程。這些資源通常可在應用程序的官方網站或相關社群平台上找到。

　　Deepfake技術透過人工智慧來創建或修改影片和圖片，使其看起來像是真實的，但實際上是虛構的。在使用這種技術時，請注意以下幾點：

1. 遵守法律和道德準則：在創建或分享Deepfake內容時，要確保不違反任何法律，並尊重他人的隱私和肖像權。

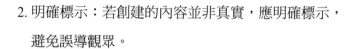

2. 明確標示：若創建的內容並非真實，應明確標示，避免誤導觀眾。

3. 避免誹謗和侵犯：不要使用Deepfake來誹謗他人或創造具有誤導性的情境。

4. 保護個資：在處理個人數據時，請遵守相關的數據保護法規。

5. 謹慎使用：考慮到Deepfake的潛在影響，使用時應謹慎且有選擇性。

使用Deepfake技術時，請注意以下幾點：遵守法律和道德準則；明確標示；避免誹謗和侵犯；保護個資及謹慎使用。

圖3：Deepfake技術

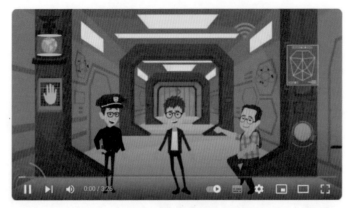

圖 4：補充影片：網路安全趨勢與未來之展望 https://youtu.be/
C0PxW3N5cuk

事前的文案或影像準備與資安防備——以動漫工具軟體為例：

　　人工智慧有時也不是臻至完備，有時仍需先事準備及設計，例如以下的範例，拍照時，正面的人像在生成漫畫時，表情及準度顯著較可採用，而且如果是團體照時，更是要注意每個人的角度。另外，資安的問題也要考慮，如果授權太多給該軟體工具使用，要防範個資安全，數據支付及營業秘密的不當使用。

另有一種人工智慧工具軟體可以把原來的人像照片巧妙的變成漫畫版的人像如下圖般（作者與倆位指導的EMBA出席論文頒獎典禮）。

圖 5：作者與倆位指導的 Emba 出席論文頒獎典禮。

第五章　人工智慧與數位資產

（1）、該軟體的使用方式如下：

圖6：該工具軟體的功能頁。

（2）、該工具軟體的示範頁——先選擇照片。

圖7：選擇照片

（3）、該工具軟體的示範頁──照片動漫後的效果。

圖8：照片動漫後的效果－1

（4）、作者使用該工具軟體動漫後的效果。

圖9：照片動漫後的效果–2

圖10：照片動漫後的效果–3

（5）、製作完成的照片可以存檔。

（6）、安裝及使用類似軟體時，要注意的是資安
及付費的議題。

也有美肌軟體或APP可以把人像的臉色美白或使膚色能看起來更年輕，就如同作者之前共同指導過一位EMBA學生的研究——「雖然漂亮不一定是真的，可是我好喜歡——以美肌APP為例」，該研究使用科技接受模型探討、研究並分析使用者對美肌APP的使用等量化分析。該研究以科技接受模型就『探討美肌APP的使用傾向』為研究主題來做探討。並從問卷的結果來分析及解釋使用者對於美肌APP的情感反應。就其有用性、易用性、態度、使用傾向、工具性及情感反應等問卷結果提出結論。

　　研究結果經過分析後發現使用者對於使用美肌APP的使用傾向經路徑分析後發現知覺易用性會正向影響有用性、知覺易用性會正向影響使用態度、知覺有用性會正向影響使用態度、知覺有用性會正向影響使用傾向、使用態度會正向影響使用傾向、工具性會正向影響使用傾向、情感反應會正向影響使用傾向等使用傾向。

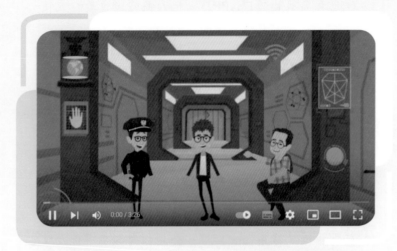

圖 11：補充影片：網路安全趨勢與未來之展望 https://youtu.be/
C0PxW3N5cuk

圖12：REFACE的免費應用程式

　　REFACE的免費應用程式在網上迅速流行起來。
這款APP可以透過簡單的自拍，將自己的臉部特徵融
合到電影角色上，例如，變身為《不可能的任務》中
的湯姆·克魯斯、《蜘蛛俠》的彼得·派克，或《加勒
比海盜》的傑克船長。

另作者Deepfake技術實作的範例：在影片的最後，我在修習「個資法」期末報告時，把我在東吳法學院進修的恩師——葉奇鑫大律師的「肖像」置入影片中作結論。

奇哥講古話個資 "奇哥,姿妹"個資篇

圖13：Deepfake技術實作的範例
https://youtu.be/wrBTEVC4q80

第六章
人工智慧與短經濟

小智（男）：嘿，小慧，你聽說了嗎？婦女節快到
　　　　　了，現在女性在短經濟中的消費力量越來越強
　　　　　大，對社會產生了重要影響。

小慧（女）：是的，小智，女性在家庭消費中扮演著
　　　　　重要角色，並且越來越多的女性變得經濟獨
　　　　　立。他們在各種消費領域中都非常活躍，尤其
　　　　　在短時間內做出購買決策。

小智（男）：對，這讓我想到了那篇關於「三分鐘熱
　　　　　度」的文章，以及心流理論的「八維」角度來
　　　　　討論這個現象是否已經成為趨勢。

小慧（女）：是的，作者在文章中提到了心流理論的
　　　　　五個要素，包括內在獎賞、明確的目標和進步
　　　　　的感覺、清晰及時的服務及回饋、挑戰與技巧
　　　　　的匹配，以及高度關注當下。這些要素在短經
　　　　　濟中確實很重要，特別是在滿足消費者的需求

方面。

小智（男）：而且，文章還談到了如何善用資源，根
據資源理論的特性來吸引人才和消費者。這在
競爭激烈的環境中非常關鍵。

小慧（女）：對於短經濟的平臺業者來說，理解這些
理論和概念可以幫助他們更好地滿足消費者的
需求，創造更有吸引力的商業模式。

小智（男）：總之，婦女節是一個很好的機會，無論
是消費者還是平臺業者，都可以思考如何在短
經濟中發揮自己的優勢，創造更多的機會和價
值。

小慧（女）：是的，讓我們一起期待婦女節的到來，
看看女性在經濟中的影響會如何繼續增強。

小智（男）：在談論短經濟和心流理論時，我們不能
忽視人工智慧在這一領域的應用。人工智慧可
以說明平臺業者更好地理解消費者的需求和行
為，從而提供更個性化和精准的服務。

小慧（女）：沒錯，人工智慧可以通過分析消費者的
資料，預測他們的購買偏好，甚至在購物過程

中提供即時建議，從而增加消費者的沉浸感。

小智（男）：此外，人工智慧還可以在短時間內處理大量的資訊，說明平臺業者更快速地滿足消費者的需求，提高服務的時效性。

小慧（女）：另外，人工智慧還可以用於自動化的客戶服務，通過聊天機器人或虛擬助手來解決消費者的問題，提供24/7的支持。

小智（男）：總之，人工智慧在短經濟中的應用可以幫助平臺業者更好地滿足消費者的需求，提高用戶體驗，進一步推動這一趨勢的發展。

小慧（女）：是的，人工智慧將在短經濟中扮演越來越重要的角色，幫助業者更好地適應和利用這個快速變化的市場。

小智與小慧討論現在女性在短經濟中的消費力量越來越強大，對社會產生了重要影響。

圖1：短經濟中的消費力量

婦女節，另一種38──「三分鐘」短經濟的熱度或趨勢，以心流理論的「八維」論述

　　三月八日，偉大的女性朋友們，專屬妳們的日子──「婦女節」–「女力經濟」的呈現，根據資料統計，三八購物節的消費主角──女性所展現出的消費力量，已促進了社會消費區塊的改變，並帶動消費理念不斷進化升級。女性主導了家庭消費而且常是消費領域中最活躍的群體。當代女性經濟獨立，在她們掌握家庭消費主導權的同時，也潛移默化地影響著整個消費市場的走向。女性朋友們不僅能花錢，更能賺錢，加上精神自由及天生「愛操持」的性格，社群電商及平台業者如何更新消費場域，影響女性消費者的購買力，正考驗著各相關業者的思維模式。這篇文章就以三八節日「38」這倆個數字來討論「三」分鐘熱度是否已成趨勢？並以心流理論（Flow theory）的「八」維角度（圖2）來做論述。

　　作者曾發表了一篇「短經濟如何長命，熊貓及

Uber Eats的魔術數字247」，該文中提及餐飲快送的魔術數字247——分別代表，兩個小時內由訂餐、製作、取餐及遞送完成服務、4代表的是一天三餐加宵夜四個時段的服務不間斷，而7呢，當然就是一週七天內，每天服務。另該文又提到平台經濟的「短長兼容並俱」，其平台經濟長期生存的一種關鍵在結合短長。外送平台革命是一種「宅經濟」結合「外送服務」，這種服務型態是一種流程時間「短」模式，但因金額不大，所以在獲利的考量上一定要結合「長」因素（量大的長尾效應）。而如今，一年過去了，可以看到的是這種短經濟的商業模式高飛躍進而且已經長命了。

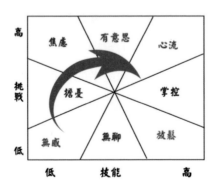

圖2：心流理論

也因短經濟的興起，加上有一陣子數位場域及數位貨幣的議題——例如幣圈、元宇宙及NFT等話題被討論的沸沸揚揚，很多人在議論這是否只是個「三分鐘熱度」的議題，未來是否有著存在的空間或有可能形成趨勢？這些話題就如同當初許多人對區塊鏈及比特幣等話題之議論，但發展至今，數位貨幣已為特定的族群所接受，甚至到達一個歷史的高價。我們姑且以學術上有時會被引用到心流理論（Flow theory）中令人沉浸的八維面向來分析這個五個字「三分鐘熱度」的趨勢或未來性。

一、三分鐘熱度是好事或壞事？

通常我們說一個人做事只有「三分鐘熱度」，大意是在形容人做事時，無法恆心完成，另一種說法是「虎頭蛇尾」沒有耐心，以上的說法都不是在誇獎，反而還帶有點負面的意思。「三分鐘熱度」用在做事態度或學習上有時不是件好事，但另一種層面上，如果以「積少成多」而言，「三分鐘熱度」反而可以達到另一種積沙成塔的效果，例如《原子習慣》這本

書內提到「每天都進步1%，一年經過365天後，你會進步37倍，相反的，若是您每天都弱化1%，一年365天後，與原來的您相比，您會弱化到趨近於0」。

「三分鐘熱度」用在「短經濟」這件事上，作者認為反而是另一種現狀需要而且可能成趨勢。例如宅配經濟等平台，在流程設計上，從搜尋、選定、支付到運送方式等步驟就必需符合一個「三分鐘熱度」的時效，亦即在需求過程的「時效需求」要在在當下熱點未退燒前完成。所以如何讓三分鐘熱度變成熱潮的趨勢，由無感至心迷，把無奈昇華成期待，有趣不膩，在此作者建議短經濟要有讓人沉浸五要素。

二、沉浸五要素：心流之路要心術

就如圖一的心流理論所示，要使人從無感的情境往心流的情境移動，除了配合挑戰的程度來提高技能外，可考慮使用下列五要素（圖3），使消費者有趣不膩進入沉浸。

圖3：沉浸五要素

1、內在獎賞

　　行為動機可分為外在動機和內在動機兩種，假設一個人在沒有任何外在獎賞的情況下，仍能自願從事某一項行為，並能從此項行為中獲得樂趣及勝任感的，便是「內在動機」。如果從事某一項行為的同時獲得樂趣或勝任感等心理上的滿足，而喜歡再繼續從事這項行為，便是得到「內在獎賞」。換言之，從事某項工作本身便是一種酬賞，不必再靠外在的鼓勵或增強，便是內在獎賞。

在短經濟上，對消費者而言，內在獎賞就如同消費過程的成就感。例如前陣子在蛋源短缺的情形下，平台業者若有能力取得蛋源並在平台上供應，那對那些利用網購或實體通路取得寶貴的雞蛋的消費者就提供了所謂的內在獎賞，那消費者就可能沉浸在過程中，不僅為自己，也可能為他人取得蛋源。在這個內在獎賞的例子裡，活動（網購）和目標（取得雞蛋而感到成就感）之間的關係是自然形成的並促成沉浸過程的延續。

2、明確的目標和進步的感覺

「三分鐘熱度」用在「短經濟」，由於時間較短，所以在流程設計上就必需有著明確的目標並能設計成了解消費者的需求，像有些平台會使用消費者瀏覽網站歷史軌跡——Cookie或善用CRM系統來分析消費者的消費習性並進而預測並迅速滿足客戶相關性或重覆性的需求。這些貼心的設計可能會讓消費者有窩心的感覺，並回饋業者有進步的感覺。但也由於消費者對個人資料安全意識的查覺，此時也需注意不會侵犯

到消費者的個人資料或隱私權。

3、清晰及時的服務及回饋

　　清晰及時的在線服務即在解決消費者的無奈及等待，若無法做到適度的及時服務，有何方案可以補足？記得作者曾研究過網路口碑的影響性，因為網路存在著匿名的性質，所以負面口碑的與正面口碑在影響力的相較上，負面口碑的傳播速度顯著的較快，所以若能<u>提供適當的補償及回饋是種可以減低消費者負面認知及傳播負面口碑的另一個可行方案</u>。

4、挑戰與技巧的匹配

　　在學術上，有個「科技接受模型」理論，其重點有倆點——亦即新科技產品或服務要「<u>好用</u>及<u>簡單用</u>」。舉例而言，電腦很好用，但是以前的操作方式對年長者及小孩在使用上就有點複雜，所以推廣不易。但平板電腦出現後，透過手指的滑動可<u>簡單使用</u>許多類似電腦上的功能，所以在功能性與使用性上有著更好的匹配，年長及小孩等倆種使用者在使用當下

就馬下可融入。

　　同樣的，短經濟的平台業者如何設計合理的作業流程、友善的人機介面以提供消費者流暢及愉快的消費體驗都在考驗著業者的智慧。

5、高度關注當下

　　短經濟的平台業者需高度關注當下，因為現今的生活型態在數位環境的迅速變動下已經發生了廻異於以往的模式，由於科技的進步，時空的限制不若以往，是故服務的時程及品質需要較以往為短及更高。是故關注當下培養資訊蒐集能力及高度洞察力，再加上勤奮的學習抓住商機便成為了當時短經濟經營者需關注的議題。

三、善用資源 —— 資源理論

　　由於競爭的環境及挑戰性愈來愈大，就短經濟業者而言，如何定義資源及善用資源達到營業目的？若以學術上的資源理論來分析，有四個資源的特性可提

供參考：稀少性、不可取代性、價值性及不可模仿性。資源理論如何應用我們先舉一個實例來做介紹：

　　2023年三月初的某假日，由於各行業對於人才的需求孔急，所以在校園內進行召募的活動就成了兵家必爭之地。由於近年來金融科技的興起及金融業有著大者恆大的近況，所以大型金融業者在場地的佈置及人力的投入上都極盡全力的投入，也因金融業者的屬性大都相近，所以如何以稀少及有價值的特色來召募人才就顯得要有策略性的思維。就在當天的召募場地上，我看到某家金融業者的展示看板出現廻異於傳統金融機構的召募方向，覺得新奇。

　　該金融業者除了以「XX公司，另一種銀行——批發銀行」，並搭配「金融專業，找誰才對？第一桶金，如何淘金？人生美妙，到哪遠眺？金融視野，到哪積累？」等布條及告示板來吸引應徵者的目光，現場並以動畫影片[1] https://youtu.be/fAqBLTuaZJ8）介紹批發銀行的特性，這也是另一種套用資源理論「稀少

---

1. https://youtu.be/fAqBLTuaZJ8

性、價值性及不可模仿性」的實證。

　　Alexander Osterwalder & Yves Pigneur定義商業模式：一個組織如何創造、傳遞及獲取價值的手段與方法（獲利世代，2012），該書中提到透過九個構成要素，用來顯示一個企業如何獲利的邏輯。這九個構成要素涵蓋了一個企業主要的四大領域：顧客、產品、基礎設施及財務健全的程度。這九個構成要素分別是：目標客層（CS, Customer Segments）、價值主張（VP, Value Propositions）、通路（CH, Channels）、顧客關係（CR, Customer Relationships）、收益流（R$, Revenue Streams）、關鍵資源（KR, Key Resources）、關鍵活動（KA, Key Activities）、關鍵合作夥伴（KP, Key Partnerships）、成本結構（C$, Cost Structure），如表一所示。

表一：商業模式九個構成要素

構成要素	說明
目標客層	一個企業或組織所要服務的一個或數個顧客群
價值主張	以種種價值主張，解決顧客的問題，滿足顧客的需要
通路	價值主張要透過溝通、配送及銷售通路，傳遞給顧客
顧客關係	跟每個目標客層都要建立並維繫不同的顧客關係
收益流	成功地將價值主張提供給客戶後，就會取得收益流
關鍵資源	想要提供及傳遞前述的各項元素，所需要的資源就是關鍵資源
關鍵活動	運用關鍵資源所要執行的一些活動，就是關鍵活動
關鍵合作夥伴	有些活動要借重外部資源，而有些資源是由組織外取得
成本結構	各個商業模式的元素，會形塑出成本結構

同樣的，在短經濟的商業模式上，平台業者可透過資源的稀少性、不可取代性、價值性及不可模仿性等四種特性來與商業模式的九種構成要素交互評估來找出利基及發展空間（如表二）。

表二：商業模式構成要素vs資源理論評估

關鍵資源 商業模式	關鍵資源			
	稀少性	價值性	不可 取代性	不可 模仿性
目標客層				
價值主張				
通路				
顧客關係				
收益流				
關鍵活動				
關鍵合作夥伴				
成本結構				

在這個女力經濟展現實力的時代，無論妳是短經濟平台上創造經濟價值的消費者或是提供商品及服務令人尊敬的平台業者，不同的環境要有差異的思維以成就更令人側目的商機，相信妳已準備好了。

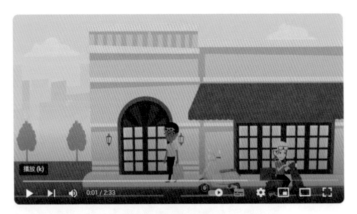

圖4：補充影片：四分內外來分析，波特五力話競爭

https://youtu.be/2gPo5x3T5B8

範例一：產生歌曲影片

　　2023年的母親節隨著隨著生成式人工智慧的浪潮興起，當時有人玩起了以生成式人工智慧的工具加上自己以文字表達欲表達的心意藉由人工智慧來生成一首表達對母親心意的歌。過程中只要輸入自己的「心意」並挑選曲風及虛擬歌者即可自動產生一首有著歌詞及曲調所創作出來的歌。

111

以AI工具——Voicemod（<u>https://tuna.voicemod.</u><u>net/text-to-song</u>）為例，因為該軟體目前支援英文，所以可以先用生成式工具輸入自己的「心意」，先產生歌詞。再用人工智慧語文工具翻譯成英文。最後開啟上述網站，逐步依選曲風、歌者及貼入歌詞後即可產生一首表達您心意的歌曲。

圖5：AI工具——Voicemod

Voicemod網頁版不需要下載並可以直接在瀏覽器中使用，使用步驟包括：

1. 瀏覽 https://tuna.voicemod.net/text-to-song

2. 設定麥克風

3. 選擇聲音效果

使用 Voicemod Web 的好處是方便快捷，不需要額外的軟體安裝，適合臨時使用或試用的功能。

以下即是使用範例：

1. 請寫一首300字有關「愛情」的歌詞，用英文。

2. 翻成英文：「愛情像風，吹過我們的臉龐 它讓我們感到溫暖，它讓我們感到安全 愛情像水，流經我們的靈魂 它讓我們感到幸福，它讓我們感到完整」

ChatGPT

"Love is like the wind, blowing against our faces. It makes us feel warm and safe. Love is like water, flowing through our souls. It makes us feel happy and complete."

Verse 1: 從未想過我會愛上你 在這個世界中，有太多的不確定 但當我看見你的眼神 我知道，我已經愛上你 Chorus: 愛情像風，吹過我們的臉龐 它讓我們

感到溫暖，它讓我們感到安全 愛情像水，流經我們的靈魂 它讓我們感到幸福，它讓我們感到完整

Verse 2：有時候我們會爭吵，有時候我們會哭泣 但我們總是在一起，這就是愛的力量 我們可以一起面對世界上的挑戰 因為我們彼此相愛，這就是愛情

Chorus：愛情像風，吹過我們的臉龐 它讓我們感到溫暖，它讓我們感到安全 愛情像水，流經我們的靈魂 它讓我們感到幸福，它讓我們感到完整

Bridge：愛情是什麼？它不是物質，也不是金錢 它是我們心中的火焰，它是我們靈魂的驅動力 愛情讓我們成為更好的人，它讓我們感到快樂 這就是愛情，這就是我們所需要的Chorus：愛情像風，吹過我們的臉龐 它讓我們感到溫暖，它讓我們感到安全 愛情像水，流經我們的靈魂 它讓我們感到幸福，它讓我們感到完整

Outro：愛情，我們永遠不會失去你 你是我們生命中最美麗的事物 愛情，謝謝你讓我們相遇 讓我們一起永遠相愛，直到永遠。

ChatGPT

Verse 1: I never thought I would fall in love with you. In this world, there are too many uncertainties. But when I see the look in your eyes, I know that I have fallen in love with you.

Chorus: Love is like the wind, blowing against our faces. It makes us feel warm and safe. Love is like water, flowing through our souls. It makes us feel happy and complete.

Verse 2: Sometimes we argue, sometimes we cry. But we are always together, and that is the power of love. We can face the challenges of the world together because we love each other. That is love.

Chorus: Love is like the wind, blowing against our faces. It makes us feel warm and safe. Love is like water, flowing through our souls. It makes us feel happy and complete.

Bridge: What is love? It is not material or money. It is the flame in our hearts, the driving force in our souls. Love makes us better people, it makes us happy. This is love, this is what we need.

Chorus: Love is like the wind, blowing against our faces. It makes us feel warm and safe. Love is like water, flowing through our souls. It makes us feel happy and complete.

Outro: Love, we will never lose you. You are the most beautiful thing in our lives. Love, thank you for bringing us together. Let's love each other forever, until the end of time.

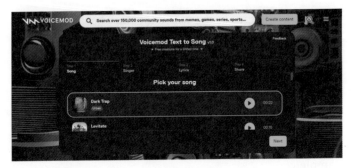

圖6：選曲風

圖7：選歌者

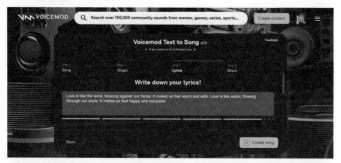

圖8：貼入歌詞

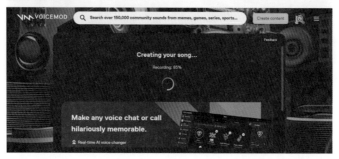

圖9：選曲風、歌者及貼入歌詞後即可產生一首表達您心意的歌曲

完成實例一:「愛情像風,吹過我們的臉龐　它讓我們感到溫暖,它讓我們感到安全　愛情像水,流經我們的靈魂　它讓我們感到幸福,它讓我們感到完整」

"Love is like the wind, blowing against our faces. It makes us feel warm and safe. Love is like water, flowing through our souls. It makes us feel happy and complete."

圖 10:產生一首表達您心意的歌曲提供下載

　　完成實例二：有時候我們會爭吵，有時候我們會哭泣　但我們總是在一起，這就是愛的力量　我們可以一起面對世界上的挑戰　　因為我們彼此相愛，這就是愛情

Sometimes we argue, sometimes we cry. But we are always together, and that is the power of love. We can face the challenges of the world together because we love each other. That is love.

圖11：產生一首表達您心意的歌曲提供下載

範例二：聽歌找歌名

　　「在一個晴朗的午後，小音和小聲在城市的街道上閒逛，享受著愜意的時光。街道兩旁是繽紛的店面和咖啡廳，人來人往，充滿了生活的氣息。

　　走著走著，他們經過一家風格獨特的咖啡廳。這時，從咖啡廳內傳來了一首輕快而悅耳的歌曲，旋律優美，節奏感強烈，讓人忍不住隨之輕搖身體。小音被這首歌深深吸引，不由自主地露出了微笑，並轉向小聲問道：「好好聽的歌喔，這首歌是什麼？」

　　小聲微微一笑，從口袋裡拿出手機，迅速打開了Shazam應用程式。他將手機對準了咖啡廳的方向，只見Shazam的界面上迅速出現了歌曲的信息，包括歌名和歌手。這首歌是他們都未曾聽過的，但旋律卻讓人忍不住沉浸其中。

　　小音看著手機屏幕上顯示的歌曲資訊，再次看向小聲，眼中充滿了欽佩：「哇，科技真是滿足人性！」她感到驚訝與喜悅，對這個小小的科技奇蹟感到非常新奇。

　　小聲笑著點點頭，他們在咖啡廳外停留了一會

兒，聆聽著那首美妙的歌曲。在這個瞬間，音樂與科技的完美結合讓他們體會到了另一種有聲勝無聲的美好。這首歌曲不僅為他們的午後散步增添了一份樂趣，也成為了他們美好回憶中的一部分。

在一個晴朗的午後，小音和小聲在城市的街道上閒逛，享受著恢意的時光。街道兩旁是繽紛的店面和咖啡廳，人來人往，充滿了生活的氣息。

Shazam是一款可以根據使用設備上的麥克風播放的簡短歌曲來識別音樂的應用程式。它由總部位於倫敦的Shazam Entertainment創建，自2018年起歸蘋果公司所有。

圖12：AI Shazam工具範例——1

　　Shazam能幫助用戶識別播放中的音樂。當您聽到一首歌曲但不知道是什麼歌或誰演唱時，只需讓Shazam監聽幾秒鐘的音樂，它就能快速識別出該曲目的名稱、歌手和其他相關資訊。Shazam還可以連接到音樂串流服務，讓用戶直接在應用程式中播放、購買或儲存識別出的歌曲。此外，它還提供了發現新音樂和查看流行音樂榜單的功能。Shazam可在多種平台上使用，包括智慧型手機和某些桌面操作系統。

Shazam監聽幾秒鐘的音樂，它就能快速識別出
該曲目的名稱、歌手和其他相關資訊。

圖13：AI Shazam工具範例──2

圖14：AI Shazam工具範例——3

實作1：打開電視或電腦播放一首歌，盲測實驗

圖15：實作2——打開手機上的Shazam，手機上方即刻出現歌名及主唱

圖16：實作──：左下角的答案──歌名及主唱──>答案正確

第七章
人工智慧與數位經濟

小智：「小慧，妳最近有關注股市和數位貨幣的動態
　　　　嗎？現在的市場真是一波三折。」

小慧：「是啊，小智。我注意到比特幣和以太幣等數
　　　　位貨幣的價格波動很大。妳覺得這是什麼原因
　　　　呢？」

小智：「我認為這跟全球經濟形勢和人們對技術的信
　　　　心有關。尤其是NFT，它不僅改變了藝術收
　　　　藏的方式，還引起了許多關於數位所有權的討
　　　　論。」

小慧：「說到NFT，妳認為它們真的能成為未來藝術
　　　　市場的主流嗎？」

小智：「這很難說。NFT確實為藝術家提供了一個全
　　　　新的展示和銷售作品的平台，但它們的價值在
　　　　很大程度上還是由市場需求決定的。」

小慧：「這就像我們經濟學課上學的，價格是由市場

的供需關係決定的。但我覺得，在數位經濟時

代，這個模式可能會有所改變。」

小智：「妳的意思是？」

小慧：「我是說，在數位經濟中，價值可能更多地取

決於用戶的參與和社區的建設。就像某些加密

貨幣和NFT項目，它們的價值不僅僅在於它們

本身，還在於背後的社區和技術生態。」

小智：「這確實是一個有趣的觀點。我們正處於一個

技術迅速發展的時代，未來幾年，數位經濟可

能會以我們難以預料的方式發展。」

小慧：「沒錯，而我們作為經濟系的學生，應該更加

關注這些變化，不僅為了投資，更為了理解這

個日益數位化的世界。」

　　這段對話展示了小智和小慧對當前經濟和技術趨

勢的見解，同時也體現了他們對未來可能發展的好奇

和關注。

圖1：經濟系的學生——小智和小慧在圍坐在茶几旁，手機上展示著NFT藝術作品，反映了他們對數位經濟和人工智慧話題的對話。

疫情下的經濟與心情——
另一種「粽藝」風情

時值五月下旬，過了清明，端午即將來臨。節慶
的日子，在傳統東方文化的習俗中，對節日的盼望，
除了是一種時令循環的來臨外，另一種期待則是平日
心情可以用另一種迎接喜慶心情的轉換。

雖然，有一陣子（1）、社會民生上——受到疫情
確診數逐日升高趨勢、影響到日常生活的作息及品
質（2）、實體金融市場的波動——股債等金融市場受
到總體經濟因素的影響轉為熊市造成資產的縮水及
（3）、數位資產的震撼：Luna及其他如比特幣等俗稱
「數位貨幣」的數位資產價格大為滑落，對應到實質
資產及目前以乙太幣為主要交易貨幣的NFT等數位商
品價值往下貶落。以上疫情下的諸類現況或許影響著
部分人們與您我的心情，但如同有時人們說的，嘗試
著換一下角度或說法，或許可以看到不一樣的風情。
以下我們就來聊聊「疫」情下的另一種由「藝」情轉

換的風情，就以端午節的數位藝術經濟——「粽藝」
為例。

一、藝術與經濟

　　在個體經濟學裡，教材內所定義的價格是由市場
內的需求與供給所決定的，但在另一種社會科學領域
裏，尤其是心理學層面的，有學者認為價格的決定來
自於個人價值的認知。所以，如果說經濟學著重的是
科學的層面，那藝術等領域可能著重在心理層面就會
略為多一點。

　　（1）藝術的層次與市場經濟的思維

　　引用藝術市場拍賣官——陸潔民先生在「藝術收
藏投資五大關鍵」一文中所說：藝術收藏投資從「喜
歡」的層次先開始，喜歡從靈魂開始。喜歡帶給人快
樂與滿足是一種極高端的正向能量，當你擁有這樣的
能量，您會吸引更多同樣高頻正面能量的人向您靠
近。喜歡倆字是個心裡層面——認知的議題。但當一
但有了「喜歡」的層次後，接下來可能會有收藏和投

資的層次：喜歡的時間久了就是一種收藏，喜歡的作品數量變多了也是一種收藏，所以收藏是買自己喜歡的東西。而投資呢？投資是買別人感興趣的東西！所以說，收藏是深度的喜歡（欣賞），投資是深度的收藏！投資是需要，收藏是修養！先收藏再談投資，值得提醒的是投資有「賺錢」的機會但也需有承擔「賠錢」的風險。以思維的角度而言，如果剛剛所提的喜歡是個心理層面認知的議題，那投資即是個經濟層面──市場的議題，而收藏則是可能介於倆個層次與議題之間（如圖2）。

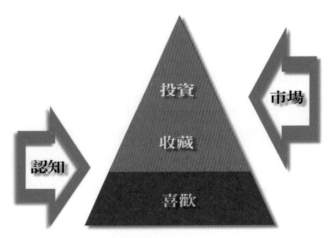

圖2：藝術的層次與市場經濟的思維

（2）嚐試、嘗試與趨勢——話題行銷，以粽藝為例

當時，時值端午，當然為了特殊的節日都有著與民眾生活相關的慶祝方式。而與端午相關的過節方式，在動態視覺上就有著展現力與美的龍舟競賽活動，在味覺享用下，當然粽子為傳統的首選。各家業者莫不為著節日商機費盡心思的推出各自的當家功夫粽以滿足消費者的口味。

創新擴散理論提到：創新的五種主要的階段：知曉、興趣、衡量、試用與最後的採用，同樣的在百家爭鳴與百家齊放的粽子市場裡，各業者除了端出自家的傳家手法外，商品設計上莫不在稀少性、不可取代性、有高 CP 值及不可模仿的特性粽子上竭盡心思推陳出新。這也是一種嚐試、嘗試與造成趨勢的策略。

而在行銷學裏，話題行銷是個刺激產品銷售的行銷方法。古文提及「端午時間，天氣悶熱，五毒齊動，瘟疫也應時而生，古時因此有以五瑞制五毒之

說」，而五瑞包括菖蒲、艾草、龍船花、石榴花和蒜頭，菖蒲就是五瑞之首，故說菖蒲花也稱之「端陽之花」，自古即有有辟邪且優雅之意。加上菖蒲的葉子筆直如劍，更有「蒲劍斬千邪」的說法，此次端午佳節，就有粽子業者推出以「菖蒲」藝術畫作當作粽子的包裝禮盒的行銷手法，以期善用該話題在夏日酷熱的天氣讓消費者轉換一下心情，看到另一種「粽藝風情」。

二、產業革命與經濟

隨著前述提及的數位資產的震撼，例如以乙太幣為主要交易貨幣的NFT等數位商品價值的滑落，許多的評論分析及討論著數位作品的未來性。當然不同的意見激發各方面的思維也存著正面的意義，畢竟有未來性的議題才有討論的空間及話題。

就市場的發展歷程而言，工業革命以低成本高效率的機器革命取代了人力，配合資本的投入創造第一

波的市場革命。而第二波的市場革命，由電腦的高度
運算力又補足了人類腦力運算的不足，之後加上網路
高度傳輸造就出了另一波的電子商務革命，但隨著智
能革命及數位化的發展現激起了另一波的革命。

（1）場域體驗與數位經濟

　　近年來人工智慧的引入配合區塊鏈技術加上去中
心化的思維及價值交換平台的興起似乎若有似無的創
就另一個與實體經濟體係相似但以數位貨幣交易數位
資產的數位經濟體系，在此姑且稱之位「數位經濟革
命」。而此次數位經濟革命的階段有一種廻異於以往
的市場經濟的商品——「數位作品」（或稱之為「數位
藝術」）因其不可分割性（NFT-Non-Fungible Token）
應運而生，所以就有許多的專家及學者探討著數位藝
術的經濟性、市場性及法律性的相關議題。例如台新
銀行文化藝術基金會鄭董事長在其「當代企業經營不
可少的藝術思維」一文中提及藝術作品有三種特性：
視覺化、綜合化及多視角，該文並以創新價值、協調
與平衡及時代氛圍來論述藝術與經營。

2022年1月台北登場「會動的文藝復興展」——展場內集結20位藝術大師200幅名畫並以沉浸式展覽以不同的情境吸引大量的民眾前往觀賞。在娛樂應用上，規劃中下個月高雄開展的teamLab未來遊樂園也將以9大互動藝術來吸引遊客。另外，6月華山特區排定時程開展的土耳其AI藝術團隊「Ouchhh」也將以8件代表作品以數據結合藝術展出，以上皆為數位藝術相關作品結合視角與場域來吸引有興趣的觀賞者，所以本文認為場域情境配合人工智能所產生的體驗行為造就的一種數位經濟已逐漸在發生。

（2）數位作品與載具——虛擬配實境，行銷話題的跨域性

傳統的經濟市場體系內，商品及服務的推播媒介主要從以往的平面媒體、電視、廣播到後來的網路電商及現在廣為消費者接受的直播或自媒體的帶貨營銷等通路來進行。

而引起消費者的廣告模式，有傳統模式的

AIDMA——A（Attention）引起注意；I（Interest）產生興趣；D（Desire）培養欲望；M（Memory）形成記憶；A（Action）促成行動及後來因網路興起的AISAS廣告模式——Attention（注意）；Interest（興趣）；Search或Social（搜尋及社群）；Action（行動）；Share（分享）。可以看到的是倆種模式中，前面的倆個心理要素——A（Attention）引起注意；I（Interest）產生興趣都是一致的，其所代表的含意即是引起注意並產生興趣是消費者發生消費行為的最初始過程。

同樣的，此次的「粽藝市場」，業者也嘗試以NFT的方式來引發消費者注意並期望其產生興趣。例如有位業者的「藝氣瘋發NFT，龍粽（攏總）來888」活動即是結合學界、業界及通路商的合作，配合端午節的到來，將有龍王、霹靂龍、龍寶寶、粽子、艾草等3D及2D造型的888個限量可以用手機虛擬結合實境的NFT免費空投給有興趣的朋友（圖3）。

正面思考下，疫情總是會過去的，在我們改變不了外在環境的情境下，何不好好的坐下來，泡好一杯

香醇的茗茶，在同時品嚐美味粽子的當下，也嘗試的
把手機內的龍寶寶NFT「召喚」出來，虛擬結合實境
「跨域」玩要一番，或許可以把略為不安的心情轉換
成節慶心情——愉悅平安。

圖3：手機虛擬結合實境的NFT

圖4：小智和小慧在討論數位經濟和技術趨勢的情景及對這些話題的不同觀點和思考。

範例一：文案產生介紹影片——剪映

請產生如何使用AI工具——「剪映」產生影片的範例及其使用說明。

影片編輯和市場行銷的創意結合已成為現代不可缺少的技能。對於創作者而言，獲得後製軟體、配樂等素材的合法途徑則是一大挑戰。

CapCut「剪映」影音剪輯軟體是一款功能豐富的工具，涵蓋了影片剪輯和編輯，甚至初學者也能輕鬆上手。它適用於各種影片製作，無論是自媒體的社交影片、教育者的教學影片、趣味娛樂影片，或是電商的網路行銷影片、活動宣傳影片和數位行銷影片等。對初學者來說，這款軟體提供易於學習的界面，涵蓋從影片剪輯、字幕製作到音樂選擇的各個方面。它支持在移動裝置和電腦上使用，並提供豐富的素材庫，包括配樂、特效、轉場、貼紙、語音識別字幕等，幫助用戶輕鬆完成專業級的影片製作。

圖5：CapCut「剪映」影音剪輯軟體

範例：AI圖文成片

1. 下載「剪映」軟體（因為是內地版，所以使用介面
   是簡體中文）

2. 開啟剪映點擊「圖文成片」

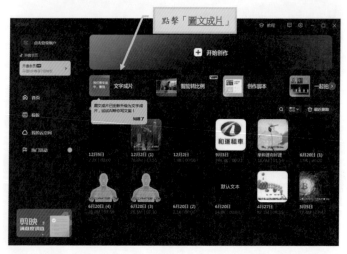

圖6:「剪映」軟體——1

3. 輸入文字（建議先用文字編輯軟體，例如word先
　完成稿件，然後複製貼上即可）

　　標題可輸入也可以不輸入，輸入文字，最多是
20,000字，選擇朗讀的音色——例如選台灣女生。

圖7:「剪映」軟體——2

4. 按下生成視頻

按下按鈕後就是等一段時間。

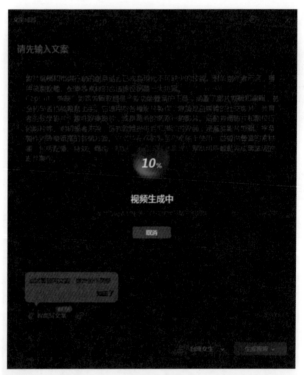

圖 8:「剪映」軟體——3

5. 一鍵完成影片字幕、錄音、圖片，若有些找不到合
   適圖片，我們可以幫它填補。

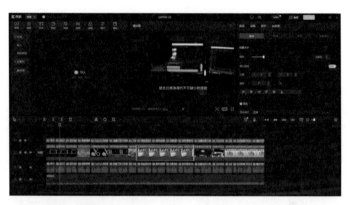

圖9：「剪映」軟體──4

6. 替換素材

　　到素材庫，按下按鈕下載後，用拖拉的方式，放
到原照片的地方，它就會檢視「替換片段」。

圖10:「剪映」軟體——5

7. 最後導出影片

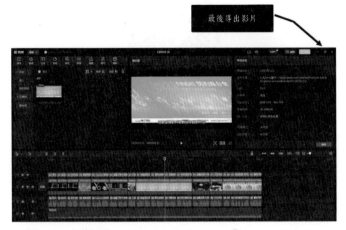

圖11:「剪映」軟體——6

8. 預設存放到「影片」資料夾

作者的實作範例：https://youtu.be/nl9Kw3Z0orM

圖12: 完成作品範例

範例二：人工智慧與數位經濟NFT AR-Adobe Aero

　　我常笑說虛擬實境（Virtual Reality）──VR目前的使用方式是戴著VR眼鏡類似是「觀落O」一樣，而擴增實境AR（Augmented Reality）像寶可夢手機遊戲般寶物跑到現實世界類似「活見O」一樣。但不可否認的是這倆項科技已經存在您我的某些生活場域中了。

　　就以AR為例，我們可以將創建的動畫版NFT利用Adobe Aero工具，將它結合至現實世界的環境產生另一種「玩趣」。

　　Adobe Aero是一款增強現實（AR）創作和發布應用工具，它讓使用者能夠輕鬆地將數位內容與現實

世界結合。創作者可以在無需編碼的情況下設計互動式 AR 體驗。Adobe Aero 的主要功能和使用方法概述如下：

1. 介面和工作流程：提供直觀的用戶介面，支持拖放功能，使創建 AR 體驗變得簡單。

2. 創建和編輯 AR 體驗：用戶可以在 Aero 中放置和調整物件，設定動畫，並添加互動性。例如，可以設定物件在用戶接近時顯示或動畫。

3. 預覽和測試：Aero 允許用戶在真實環境中即時預覽 AR 體驗。這有助於調整和優化體驗，確保它在不同設備和環境中正常工作。

4. 分享和發布：完成的 AR 體驗可以分享給他人，或發布到社交媒體和網絡上。

使用範例：

1. 先產生NFT或動畫版數位寶物。

圖13：NFT-AR使用範例──1

2. 打開Adobe Aero，並在一平面上定位，置放數位寶物。

圖14：NFT-AR使用範例──2

3. 加入該數位寶物的行為動作。

圖15：NFT-AR 使用範例——3

4. 數位寶物的「軌道繞行」動作

圖16：NFT-AR 使用範例——4

5. 數位寶物的「旋轉」

圖 17：NFT-AR 使用動作範例──5

6. . 試行播放數位寶物的連續動作

圖 18：NFT-AR 使用動作範例──6

7. 可錄影輸出連續動作做其他運用

圖19：NFT-AR使用動作範例——7

8..其他範例：大直龍舟賽場的NFT。

圖20：NFT-AR使用範例——8

範例三：人工智慧與數位經濟 數位拼圖
Puzzle- Jigsaw Planet

Jigsaw Planet是一個在線平台，允許用戶創建、分享和玩拼圖遊戲。在這個網站上，用戶可以從自己的照片製作拼圖，或者玩別人創建的拼圖。它提供了不同難度級別的拼圖，用戶可以根據自己的喜好選擇拼圖的片數和形狀。這個平台非常受歡迎，因為它既可以作為娛樂，也可以用於放鬆和大腦訓練。

在一個充滿創新精神的城市裡，有一位擁有豐富想像力的年輕發明家，名叫小圖。他一直對傳統拼圖和數位科技充滿熱情。小圖決定創造一個結合這兩個元素的全新體驗，並且融入了人工智慧的技術。

他設計了一款名為「智慧拼圖大師」的應用程式，這款應用程式結合了數位拼圖和傳統拼圖的特點，並加入了人工智慧的元素。這款應用程式具有以下特點：

虛擬與實體的結合：用戶可以在數位世界中組合拼圖，也可以選擇將他們的數位創作打印出來，轉變成實體拼圖，數位拼圖功能如下：

1. 互動教學：應用程式中的人工智慧教練可以根據用戶的進度提供個性化的提示和指導，使拼圖過程更加有趣和富有挑戰性。

2. 風格多變：用戶可以選擇各種主題和風格的拼圖，從傳統的風景畫到現代的抽象藝術。

3. 社交互動：用戶可以與來自世界各地的其他拼圖愛好者一起合作，共同完成複雜的拼圖挑戰。

　　小圖通過這款應用程式展示了數位拼圖和傳統拼圖之間的差異性和樂趣。數位拼圖允許更大的創新空間和互動性，而傳統拼圖則提供了實體操作的滿足感和成就感。

　　他的創新不僅僅在於結合了兩種不同類型的拼圖，更在於他如何利用人工智慧來增強用戶體驗。用戶可以通過這款應用程式體驗到傳統拼圖的樂趣，同時享受數位科技帶來的便利和互動性。

　　隨著時間的推移，「智慧拼圖大師」成為了一款受到廣泛歡迎的應用程式，吸引了來自不同年齡和背景的用戶。林小圖通過這款應用程式不僅展示了他對科技和藝術的熱愛，更連接了全世界的拼圖愛好者，創造了一個多彩多姿的拼圖社區。

圖21：小圖發明家創建「智慧拼圖大師」應用程式的過程

Jigsaw Planet使用簡介：

1. Create創建拼圖

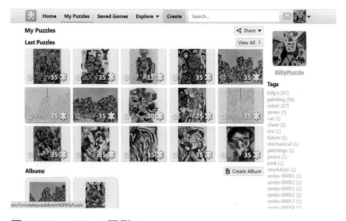

圖22：Jigsaw Planet範例1

2. 選擇創建拼圖所需圖樣—— 例如畫作，選擇難
度（片數4~300）及每片的形狀。拼圖可以用「相
簿——Album」來做分類管理儲放檔案夾。最後可
以補充關鍵字——標籤Tags以利玩家搜尋。

圖23：Jigsaw Planet範例2

3. 完成的作品。左下角的選項可提示原圖，重新排列
　 及變更拼圖底色等功能。

圖24：Jigsaw Planet範例3

4. 右上角的功能可選擇分享例如下圖的傳送連結即可
　 使用線上拼圖、重設拼圖片數或變更原來的設定。

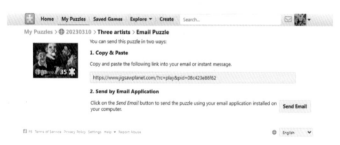

圖25：Jigsaw Planet範例4

5. 作者的作品集（https://www.jigsawplanet.com/Billy-
　　Puzzle）。

圖26：Jigsaw Planet範例5

第八章
人工智慧與數位轉型

小智：「你有沒有感覺到，自從疫情開始，我們對於數位工具的依賴增加了很多？」

小慧：「確實如此。以前我們習慣面對面的交流，現在卻變成了經常使用視訊會議和在線學習平台。」

小智：「我覺得這不只是一個簡單的轉變，更像是一種轉型。從教育到工作，每個領域都在經歷這個變化。」

小慧：「是的，這個轉型迫使我們重新思考我們的角色。作為學生，我們需要學會如何在這個新環境中有效學習。」

小智：「你覺得數位轉型對我們的學習方式有什麼影響？」

小慧：「我認為它極大地擴展了我們的學習場域。比如，我們現在可以通過視訊平台學習，這是一

種全新的經驗。」

小智：「對，而且我注意到教師的角色也在改變。他
　　　　們不再僅僅是傳統意義上的授課者，而是變成
　　　　了互動的主持人和教學內容的創造者。」

小慧：「確實如此。數位學習讓教師可以更靈活地扮
　　　　演不同的角色，從而提高學習的吸引力和效
　　　　果。」

圖1：小智和小慧的在疫情期間數位轉型經歷的不同方面。

「數位轉型下的角色轉型 ── 以數位教育的「五顏六涉」為例

前言 ── 回不去的「轉型」

乍看一下標題「五顏六涉」，想到鄭秀文的「眉飛色舞」那首歌，直覺下以為「涉」應是「色」的筆誤錯別字，但是我要說的是「不，您沒看錯」，本文所要分享的確是因數位轉型時所可能發生因「角色轉型」及「情境涉入」下交互作用而衍生的話題。

猶記得作者年初時發表了一篇「元宵佳節話『三元及地 ── 元宇宙』」一文，文中提及「元宇宙」及「數位分身」等用語，剛好這陣子所謂的數位資產的「市場價值」大為滑落，有可能讓所謂的數位資產投資者或擁有者因跌價損失一下子心情掉入了谷底。但另一方面，令人可喜的是，國內疫情確診人數依目前發布數來看好像過了高峯期，然而就在民眾預期疫情即將好轉的情況下，卻又傳出猴痘來襲的病例。這下子，對有可能全面回復日常生活的期待，似乎又產生

了一些微妙的衝擊。

作者認為可以回到過去的稱「回復」，回不到過去的稱「轉變」或「轉型」。作者在教育場域中，目前俱雙重身份，身為兼任教師及在職學生的我之前本以為暑假過後，可以很快的回復學校的教學及求學方式。但在疫情期超過倆年的影響下，可以確定的是有些原有的教學場域或情景因疫情影響下所產生的數位轉型（或稱教學轉型）似乎程度上已發生轉變並且再也回不去疫情前的模式了。

如果數位轉型所發生的改變已是個事實，那本文所要討論的是另一種要面對的事實即是配合「數位轉型」可能要隨之改變的──「角色轉型」，角色要如何轉型？教育乃百年大計，無論就學校的傳統教育及企業的進修培育而言，在疫情期間原有的教學及進修模式在程度上都或多或少受到了影響並做了改變。

這些改變可以看到的大都是外部的改變（或稱硬式改變）──例如教學場域由教室轉為螢幕、師生間互動少了對話及眼神接觸、學員間沒了群體討論，但多數的視訊教學以內容傳授為主的教學方式倒是沒什

麼改變，就是把原有上課的簡報檔拿來在以開會為主的視訊平台上播放，並以原有在教室的講述方式對著螢幕前的麥克風以原有的上課方式講課。

上述的視訊方式，線上的學員如果不開鏡頭，真的可以一邊聽課一邊「多工」的進行其他的事務，所以視訊教學的另一優點是可以「分身多術」。以作者為例，當我的身分是學生時，我可以不用趕時間到教室，反而可以從容的跟聽廣播般一邊聽著視訊教學的上課內容，一邊不影響行車安全的開著車，等停好車坐定位置後，再配合錄影內容可以重覆複習老師講課的重點。另一種情況是我可以同時開著三台設備（含手機）「多工」的上課進修及處理事情，不需像傳統的上課方式被「教室」的實體場域所制約，這種方式也因時間一久進而習慣了。但當我的另一種身份是老師時，我也深怕若是單純的把簡報用視訊平台來上課，那就如同許多老師上課的反應一樣，好像一個人面對著螢幕在說話，沒了互動，教課的感受如同螢幕後單調的素色牆面或沉寂的空氣，整個課程進行中頓時沒了生機少了顏色。

　　依據學術理論上來說，數位學習要有三個因素（如下圖）。分別是Utility有效性、Technology satisfaction科技滿意度及Affective reaction課後反應。有效性代表的是學習的內容與工作的有關性及是否提供有用的技能與知識。科技滿意度包含介面使用容易性、複習的簡單性及介面的滿意度。課後反應代表學習過程的享受性、內容的有趣性及學習過程的滿意度。所以教學的反應是相當重要並會直接影響到學生的持續學習意願的，所以本文就以角「色」轉型配合情境的「涉」入——「五顏六涉」來探討數位轉型下的數位教育。

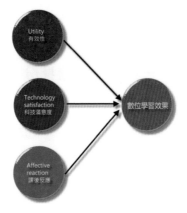

圖2：數位學習三要素

被迫的改變──場域下的情境（六種「涉」入）

首先我們先以<u>數位轉型下的數位場域及情境</u>為例，以場域而言，可分為三種：（1）、原有的教學場域，例如教室、講台及投影設備等為**實體的場域**；（2）、視訊平台課程無論是直播式或預錄後看式等稱為**線上的場域**及（3）、課程進行方式採用部份實體搭配部份視訊的**混合場域**。另一種就互動性而言，就姑且用80-20理論（80%的教學及20%的互動）來分類，佔教學時程20%以上的互動稱之為「互動性多」，相對的少於教學時程20%的可稱之為「互動性少」（課程需求較不需互動）。所以三種場域配合倆類互動性可能形成教學上六種情境（如下表）。

主動的轉型──角色（五種身份）

再則，如果我們以上述六種可能涉入情境因課程進行的內容來置入授課教師的五種可能的角色。

主講：就如同原有在教室中的教學模式，學習的課程以教師的授課為主。所以學習的過程會著重於老師的「傳道授業」及課程互動時對於學子的「解

惑」。這種學習模式會以教師的「主講」角色為主。

　　主持：在這種學習模式下，學習場域中的主角會由原有的老師變為參與授課（含演講）的講者或來賓，過程以主持的老師、講者與學員的互動為主。所以原有老師的角色會以帶動學習氣氛及過程為主。

　　主演：如果說學習場域也是個舞台，那授課的老師除了傳達授課的內容外，其一舉一動及與現場學員的互動免不了就存在著「戲劇」的成份。學習過程中配合課程的節奏，有時授課老師的說學逗唱技巧配合上課內容，作者的課上心得即是學生常覺反應時間過的特別快。

　　主導：再有一種角色扮演即是教師主導課程的內容並置入戲劇的元素，舉例而言，課程中請學員串扮演員，配合課程內容來演戲。根據作者的心得是配合演出的學員及台下的觀眾會有一種「課堂上演部戲，走出教室永遠不會忘記！」的課後反應。另一種是主導的例子是製作教學影片，作者的經驗是好的影片會有一定的「影響度」，也就是：

　　影響度＝「影」片＋「響」度（聲量）

主播：有一種「只聞其聲，不見及人」又相當吸引人的表演方式，相信大家也不陌生，那就是「相聲」。同樣的教學模式中以說故事或搭配相聲的教學方式也是一種角色的嘗試。在疫情時期，有一部「九天玄女降落中華路」的網紅影片，您可以試試光聽聲音就會有種娛樂的感覺，想忘都忘不了。同樣的，人們在通勤時，尤其是開車，以聲音為主的內容作為數位學習，授課者以<u>主播的形式</u>來講授，就更合適不過了。

數位內容：五顏六涉新場域，跨域跨境新舞台

數位學習下的轉型，有了上述的五種角色身份（身份轉型），六種情境（學習場域）涉入，其轉型組合如下表。有了數位教育轉型的組合，那組合後的下一步為何？作者認為數位學習轉型的下一步即是「數位學習新生態」。

六涉舞台場域

互動 場域	互動程度	
	多 (大於時間20%)	少 (小於時間20%)
實體	主講/主持	主講
線上	主演/主導/主持	主播/主演
混合	主導/主持	主演/主講

圖3：數位學習舞台場域

　　數位學習新生態結合了新的六涉舞台場域、新的五顏角色扮演，接下來可以考慮新型態的數位內容張力，而新的「數位內容」設計「恰可以用「學無止境」的跨域跨境新領域來形容。

隨學習 Learning-tech

　　近年來網路的加速及資訊科技的進步，各種新興技術如人工智慧、數位加密資產及其他各項持續發展中的科技正逐日的影響著您我的生活、社會的安定及經濟的模式。更甚而為之的是國家安全，例如此次的

俄烏戰爭下的網路戰，假訊息及網路駭客入侵互攻癱瘓戰術等都已實際發生。這代表著新科技影響著新經濟、新商業模式、新的營運風險等，上述的情況也正代表著需培養有<u>新的思維或著可以跨領域的人才來因應</u>。

以跨域的學習內容為例，在國內，法學領域上有著傳統美譽的東吳法學院，在倆年前推出科技法律組資安班，自課程開設以來，吸引著各業界領域含資訊、法律、司法體系、金融產業及其他產業的有志跨域在職學子的加入。另一個例子是台灣科技大學因應資安的日益重要，也在管理學院內首先推出資安學程，據悉已吸引了許多有心進修之學員。

而數位學習的轉型就如同台灣科技大學——盧希鵬專任特聘教授所倡導的「<u>隨經濟</u>」思維般，數位學習轉型的「<u>隨學習</u>」未來可能造就另一種新的學習生態系，Fintech 金融科技已經來到了 Bank 4.0，那 Learning-tech?目前是多少呢？就讓我們期待數位學習轉型的佈局如何步上跨域跨境的新舞台。」

圖4：補充影片：一個獲利方程式，端看市場春夏秋冬事 https://youtu.be/P92G8k6jX9g

範例一：程式生成——ChatGPT

請用C++程式語言產生「唐詩三百首」電腦遊戲的程式碼。

此遊戲中，從唐詩三百首中隨機選擇一首詩，將其中的一些字隱藏起來，用＊代替，然後提示玩家填寫這些字，玩家輸入答案後，程序會判斷答案是否正確。這個遊戲可以擴展和優化，例如可以增加計分和

排行榜等功能，使遊戲更加有趣和挑戰性。

```csharp
using System;

using System.Collections.Generic;

using System.Linq;

using System.Text;

using System.Threading.Tasks;


namespace TangPoetryGame

{

  class Program

  {

    static void Main(string[] args)

    {

      //唐詩三百首

      string[] tangPoetry = new string[]

      {

        「床前明月光，疑是地上霜。」，

        「白日依山盡，黃河入海流。」，

        「靜夜思，起相思，燈火搖紅。」，
```

　　「松下問童子，言師采藥去。」，

　　//此處省略部分唐詩

　　「飛流直下三千尺，疑是銀河落九天。」

　　};

//從唐詩中隨機選擇一首

Random random = new Random();

int index = random.Next(tangPoetry.Length);

string poetry = tangPoetry[index];

//將唐詩中的一些字隱藏，用＊代替

char[] poetryArray = poetry.ToCharArray();

for (int i = 0; i < poetry.Length; i++)

{

　　　if (Char.IsWhiteSpace(poetry[i]))

continue;

　　if (random.Next(2) == 0)

　　{

　　poetryArray[i] = '*';

```
            }

        }

                string hiddenPoetry = new
string(poetryArray);


        //開始填字遊戲
        Console.WriteLine（「歡迎來到唐詩填字遊
戲，以下是一首唐詩的部分內容：」）；
        Console.WriteLine(hiddenPoetry);
            Console.WriteLine（「請輸入你填的答
案：」）；
        string answer = Console.ReadLine();
        if (answer.Equals(poetry))
        {
                Console.WriteLine（「恭喜你，答對
了！」）；
        }
        else
        {
```

```
        Console.WriteLine (「很抱歉，答錯了，
正確答案是：」);
        Console.WriteLine(poetry);
            }


        Console.ReadKey();
        }
      }
    }
```

```
C:\public\ConsoleApp11\bin\Debug\net6.0\ConsoleApp11.exe
歡迎來到唐詩填字遊戲，以下是一首唐詩的部分內容：
床前明***疑****
請輸入你填的答案：
床前明月光，疑是地上霜。
恭喜你，答對了！
_
```

圖5：唐詩三百首範例1

　　遊戲中從唐詩三百首中隨機選擇一首詩，將其中的一些字隱藏起來，玩家填寫答案過程及結果。

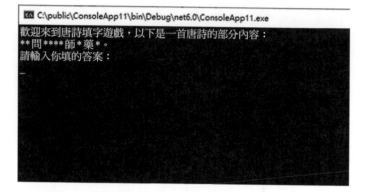

圖6：唐詩三百首範例2

　　遊戲中從唐詩三百首中隨機選擇一首詩，將其中的一些字隱藏起來，玩家填寫答案。

```
C:\public\ConsoleApp11\bin\Debug\net6.0\ConsoleApp11.exe
歡迎來到唐詩填字遊戲，以下是一首唐詩的部分內容：
*前明月光，****霜。
請輸入你填的答案：
床，疑是地上霜
很抱歉，答錯了，正確答案是：
床前明月光，疑是地上霜。
_
```

圖7：唐詩三百首範例3

　　遊戲中從唐詩三百首中隨機選擇一首詩，將其中的一些字隱藏起來，玩家填寫答案過程及結果——答錯了。

```
C:\public\ConsoleApp11\bin\Debug\net6.0\ConsoleApp11.exe
歡迎來到唐詩填字遊戲，以下是一首唐詩的部分內容：
****子，*****。
請輸入你填的答案：
松下問童子，言師採藥去
很抱歉，答錯了，正確答案是：
松下問童子，言師采藥去。
_
```

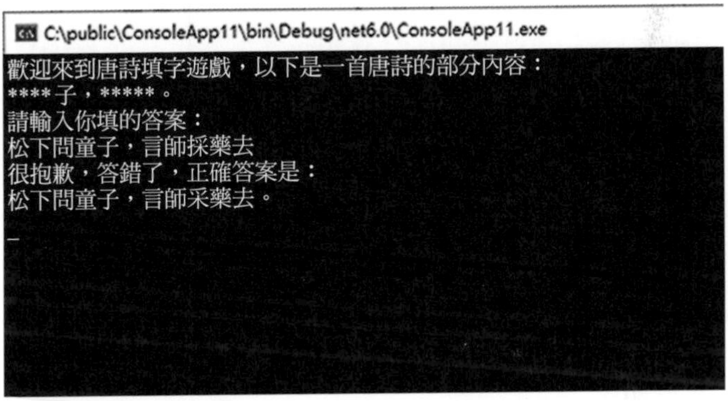

圖8：唐詩三百首範例4

　　遊戲中從唐詩三百首中隨機選擇一首詩，將其中的一些字隱藏起來，玩家填寫答案過程及結果——答錯了。

範例二：江雪——Midjourney產生圖片

請用ＣｈａｔＧＰＴ產生「江雪」英文，再用Midjourney產生圖片。

Midjourney AI繪圖快速教學：

1. 進入Midjourney網站，首先進入Midjourney網站，在主畫面會看到有幾個按鈕可以選擇，點一下右邊的【Join the Beta】。

2. 註冊帳號加入Midjourney Discord頻道

3. 進入聊天頻道輸入AI圖片生成指令：/imagine（輸入你想要的圖片特徵）

圖9：Midjourney範例1

4. 如果你之前已經註冊過Discord帳號的話，直接登入就可以，Midjourney就是透過Discord的聊天對

話方式，輸入指令來生成AI圖片的。

5. 進入 Discord 的 Midjourney 頻道後，左邊會有好幾個聊天室可以選擇，我會建議選擇名稱為【newbies】開頭的房間，這是專門給初學者新手使用的，任選一個進去。

6. 下指令生成圖片，基本生成圖片的指令：聊天對話欄中輸入 /imagine，然後再按一下空白鍵，此時後面會自動接著出現 prompt 的字，意思就是我們要提供圖片的特徵文字描述（英文），依照需求生成圖片。

範例：

1. 先將柳宗元《江雪》「千山鳥飛絕，萬徑人蹤滅。孤舟蓑笠翁，獨釣寒江雪。翻成英文——"From hill to hill no bird in flight; from path to path no man in sight. Far away, a lonely fisherman a float, Is fishing snow in lonely boat."

2. 輸入：To generate a Chinese Brush Painting "From hill to hill no bird in flight; From path to path no man

in sight. Far away, a lonely fisherman a float, Is fishing

snow in lonely boat."

3. 然後按下 Enter。

圖10：Midjourney範例2

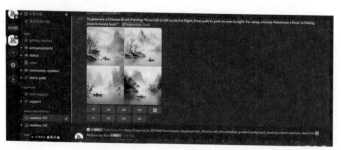

圖11：Midjourney範例3

4. 結果生成四幅畫作，點選任一幅配合 U1~U4，
   V1~V4即可變型或調整大小

   （U是「upscale」的縮寫，意思是放大像素提

升細節，U1, U2, U3, U4代表upscale圖1~4。V是
「variation」的縮寫，意思是在此基礎上進行延伸變
化，V1, V2, V3, V4代表variation圖1~4。）

圖12：Midjourney範例4

範例三:室內設計 Room-GPT

家庭裝潢總是人人夢寐以求的美事。過去,想要預覽裝潢效果,通常需要支付昂貴的費用請設計師製作3D示意圖。但現在,隨著AI技術的進步,出現了一款名為roomGPT.io的免費線上工具。它讓使用者僅需上傳家中的照片,就能輕鬆獲得多種風格的裝潢方案。這款工具不僅操作簡便,無需註冊,而且提供了逼真的裝潢圖片,讓人感覺宛若實際裝修後的效果。雖然有時會出現些許不合理之處,但整體表現令人印象深刻。

使用roomGPT.io非常容易:首先選擇喜歡的風格,如現代、極簡主義、專業、熱帶或復古懷舊;接著選擇房間類型,包括客廳、飯廳、辦公室、臥室、浴室或遊戲間;最後上傳房間照片。AI將基於這些選項生成裝潢方案,並且即使使用相同設定和照片,每次生成的結果都會有所不同,讓人能夠探索空間的各種可能性。

不過,這項技術仍有其局限。有時AI生成的圖片可能會出現一些錯誤,比如牆壁的消失或家具的不

自然擺放。若遇到不滿意的設計，可嘗試重新生成。此外，過度使用此工具可能會導致暫時性的使用限制。這種新技術為家庭裝潢提供了前所未有的方便與靈活性，但仍需注意其使用限制和偶爾的不準確性。

https://www.roomgpt.io/

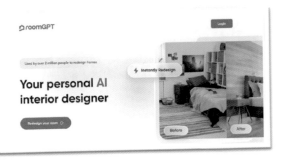

圖13：Room-GPT範例1

RoomGPT首頁

圖14：Room-GPT範例2

登入後頁面

圖15：Room-GPT範例3

選擇房型

圖16：Room-GPT範例4

照片左邊為原本模樣，在RoomGPT的改造下，

右方的空間呈現截然不同的模樣（資料來源）

　　在RoomGPT中，您可以從「現代」、「極簡」、「專業」、「熱帶」及「古典」等多種裝潢風格中做出選擇。接著，指定房間類型，如「客廳」、「餐廳」、「辦公室」、「臥室」或「廚房」。RoomGPT將利用其廣泛的照片資料庫，根據您的選擇匹配出理想中的房間設計，同時大多數情況下保留您房間的原有家具與擺設。

第九章
人工智慧與客觀外在環境
主觀內在心態

小智：「小慧，你看這個聖誕節的環境，到處都是自動化的設備。就像我們讀過的《企業長青術：魔數1到9》，數位轉型正在快速發生。」

小慧：「對啊，這也讓我想到PESTEL分析模型。政治、經濟、社會、技術、環境、法律因素，所有這些都在快速變化，對我們的生活和工作產生了巨大影響。」

小智：「確實。但你不覺得這也是一個機會嗎？就像書中提到的，我們需要適應這些變化，找到新的機會。」

小慧：「我同意。我們不能只停留在過去。雖然看到這麼多傳統工作被自動化所取代，我心裡有點難過，但這也提醒我們要不斷學習，跟上時代的步伐。」

小智：「沒錯，持續學習是關鍵。就像你每年的新年
　　　願望一樣，我們的願望和目標也需要不斷更新
　　　和調整。」

小慧：「是啊，就像這些等待破殼的蛋，象徵著新的
　　　開始和成長的機會。我們應該擁抱變化，用積
　　　極的心態來迎接新的一年。」

小智：「完全同意。讓我們一起期待並創造一個更美
　　　好的未來吧！」

圖1：小智與小慧討論著「人工智慧與客觀外在環境及主觀內在心態

孵化聖誕下的「剩」「蛋」──談數位環境下的客觀外在與主觀內在

隨著歡樂節日承蒙主恩聖誕節的來臨，新的一年元旦，或許此刻的您也在想著，哇，今年還有一些「剩」下的願望或目標尚未達成，就如同孵化中的「蛋」般，尚待破殼而出，眼看著明年的願望或目標又將在新的元旦設下，這似乎又是「聖誕下另一種剩蛋」。

年底了，有許多人因為外出旅遊可能要出遠門的考量，有時會在年底把車送廠做個年底保養。同樣的，作者也在有一次到醫院回診，就在付費的當下，突被當下迥異於以往需領號碼牌排隊付費的場景嚇了一跳，因為眼前的狀況是：有「專人」在領號機前面引導人流到自動付款機以信用卡結帳，這「一擋路，一引路」頓時就把以往在櫃台後方以人工收費方式的服務人員的「收費工作」給取代掉了。也難怪，我一眼掃過後方那些原本負責收費的服務同仁，大部份人的神色都有著一種「淡淡的哀愁」，尤其是年關將屆

的日子。

這種情景不免令作者想到去年作者所著的書——「企業長青術：魔數1到9」——「變富六路」章節中的一段，「借路使路」等的策略運用：該醫院藉由專人結合「檔路」將人流「引路」至新「開路」的另一金流通路，看來這是一個在數位時代——「人機混合場域」策略轉型的實證落地。試想，原本的收費人員此時面對數位潮流的來臨，其心境的改變及如何因應外在環境改變所需採取的可行方案？在此，作者套用刑法上所使用在構成要件該當性的客觀及主觀的二維方法來分析。

圖2：PESTEL模型

用 PEST 客觀分析來面對未來，忘卻即將過去的 PAST 不可逆

面對 PAST（過去）的不可逆且將過去，新的一年又將來到，在訂立來年的新目標時有那些外在的客觀因素要考慮到？

在學術上，有個分析外在環境的模型──「PEST」分析模型，其中每一個字母代表一個外在因素，這四種因素分別為：（1）、政治因素（Political）：是指具影響評估主體的政治力量和有關的政策、法律及法規等外在因素；（2）、經濟因素（Economic）：是指外部的經濟結構、經濟發展水平、未來的經濟走勢、產業佈局及資源狀況等對評估主體的影響；（3）社會因素（Social）：是指社會中習慣、風俗、文化傳統、價值觀念以及教育水準等外在因素等對評估主體的影響；（4）、技術因素（Technological）：是指外在與生產或服務有關的新技術、新模式、新設計或新材料的出現、發展趨勢及應用前景對評估主體的影響。

伴隨著環境、科技及法律的改變，在原本的

PEST 分析模型下又加上了倆個具影響力的外在因素：環境因素（Environmental）及法律因素（Legal）並形成了「PESTEL」分析模型。而（5）、環境因素（Environmental）：是指一個外在的活動、產品或服務中能與環境發生相互作用的要素並進而影響評估的主體。最後一個外在因素：（6）法律因素（Legal）：是指評估的主體可到受到外在的法律、法規、司法判例或其組成的綜合系統所影響。

「PESTEL」分析模型要如何應用於數位潮流的來臨呢？聰明的您若將前述六個因素中的「外在」倆字置換為「數位」倆字，即可套用於數位潮流可能形成的客觀因素變化。例如歐盟最近通過的「人工智慧規則草案」即是受到歐盟體系內國家等政治體在面對人工智慧等數位浪潮時所採取的的數位政治方案；而數位經濟與數位社會受到數位科技影響的例子更是如雨後春筍般的拔地而出，例如比特幣等數位資產及疫情期間主要由電子支付所形的數位社會體系。

同樣的，受到以上的數位因素所形的數位環境，在法律所欲保障的利益及可主張的權利下，此時以法

理及法益等因素考量等與法律相關的議題也會油然而生，例如歐盟的 GDPR 及國內的「個人資料保護法」等與數位法律相關的議題。所以不管是組織或個人在面對各種數位環境變化時，若嘗試以客觀的 PESTEL 模型分析後，心情上應可以尚為篤定一點，至少可以有「不恃數位之不來，恃吾有以待之」的準備。

主觀的三心俩藝

隨著一年的到來，國人在冬至時有個吃湯圓的習慣，台語有俗諺「圓仔呷落加一歲」。同樣的隨著年齡的不可逆，在過了壯年期後，多數人大都有體力不如從前，或許「力不從心」的感覺就會產生。

在前段談完客觀的外在因素可參考 PESTEL 模型來分析後，那主觀的要素呢要如何因應呢？俗語說「動心、起念、發於行」，同樣的，在西方學術上有個「理性行為理論（Theory of Reasoned Action），該理論由 Fishbein 與 Ajzen 俩位學者在 1977 年所提出。理性行為理論所闡述的是人們的行為（Behavior）是在獲得一些資訊以及理性的思考下後所產生的。

根據該理論，人的實際行為表現是由本身的行為意圖（Intention）所決定的，而行為意圖是由對於該行為的態度（Attitude）與本身的主觀規範（Subjective Norm）所決定的。所以看起來東西方的看法都認為自發於心的「心力」很重要，那面對位數位浪潮時，要如何施展心力呢？

作者認為此時要耍「心術」──三心倆藝

1. 心境──心態不能老，**學習不能少**：「年級可以大、心態不能老；體力可以弱，學習不能少」。所謂活到老，學到老。不管是個人或組織，人的學習動機及心境不該隨著年齡的變大而反向的變少，正向的學習心可以減少體力及記憶的反向。團體的學習力更是企業長青的趨動力。數位時代下的優點是，數位介面的學習較以往的學習環境更為友善，事實上在疫情期間，也可以看到許多的人們，不管是上班族或是長青族是這波數位浪潮下的數位學習受益者。

2. 心態──把時間掛在腳上：也正是數位浪潮來的很快，主觀的心態上也要做一些調整。例如以前在職

場上有人的心態是「自己不跑，等別人跌倒；時間一到，自然得道」。這種在個人生涯把進度與升遷的時間掛在牆上（等時機；耗日子）的心態要改變了。因為在數位介面及環境的加速下，有人把時間掛在腳上，隨時都在學習與努力，每進一步，目標愈近。

3. 同心——一個人跑，可以跑很遠，一群人跑，可以跑很久：如同我的恩師——盧希鵬教授在他的新書——「結構洞」所提結構洞是一種相遇的緣分，每次穿越結構洞，就會改變你的能力與機會，進而改變你的命運。同樣的在數位環境，善用數位場域的結構洞現象，糾群結黨的數位群體學習及行動可能產生相當多的契機，就如同今天在網路隨意問一個問題就有數不清及從沒見過的網路「俠客」會回覆一樣。

4. 多藝：也就是善用數位環境的多場域，學習的領域可以同時多樣化精進自己的能力，這使用以前所謂的「多才多藝」變的更為易得、方便有效率，如同作者在東吳大學法研所科法組進修時實體與數位的

混合學習。最近的某次會議，長官突說出「您讀法律後，做事更謹慎了」，當下心中略喜——這種實體與數位的混合學習法律值得了。

5. 奇藝：創造差異——在資源學說中，有幾個重要的因素——不可取代性、稀少性及不可模仿性。數位產業的創新速度較傳統的產業為快，而且量變會引起質變，質變會引發量變。能在變化中找到「差異」的奇特性的契機就較有創造優勢的機會。

本章祝大家都能在每年的聖誕及即將到來的年度「誕（蛋）」生出新目標並在新的一年破殼而出，諸事大吉。

範例一:簡報檔生成——mindshow

請產生用 AI 工具——mindshow「簡報檔生成」的使用範及其說明。

MindShow 網站 https://www.mindshow.fun/#/home

首先,利用 ChatGPT 來創建 PPT 簡報內容是一個有效的方法。你可以選擇任何主題,但建議你先花些時間學習如何提問,以便獲得滿意的 PPT 文本內容。這樣一來,在簡報製作完畢後,你就不需要再花太多時間去編輯文字,從而節省更多時間。至於 GPT-3.5 模型,它在輸出 Markdown 格式的能力上還有待提升。比如當我詢問:「請創建一個關於『如何使用 ChatGPT 寫作文章』的 PPT,並以 Markdown 格式輸出」,它經常會回應普通文本而不是 Markdown 格式。如果你也遇到了這樣的問題,你可以選擇停止產生,然後重新提問,但 GPT-4 模型具有生成 Markdown 格式文本的能力。

範例：

1. 先用ChatGPT來創建PPT簡報內容是：「請用
   Markdown格式生成一個介紹MindShow使用方法
   的簡報內容」。

圖3：ChatGPT來創建PPT簡報範例1

請用markdown格式產生20頁的ppt內容，介紹
室內設計師如何結合ChatGPT來增進效率及品質，以
增加財源及客戶滿意。

ChatGPT

當然可以。以下是使用Markdown格式創建的20
頁PPT內容，介紹室內設計師如何結合ChatGPT來增

進效率及品質，從而增加財源和提高客戶滿意度：

室內設計與ChatGPT：提升效率與品質

目錄

簡介

ChatGPT概覽

設計流程優化

客戶溝通強化

創意啟發

項目管理

成本控制

市場分析

趨勢預測

客戶個性化

設計自動化

持續學習

案例研究

客戶反饋

業務拓展

簡介

本簡報旨在探討室內設計師如何利用ChatGPT提升工作效率和品質，從而增加財源和提高客戶滿意度。

ChatGPT 概覽

ChatGPT介紹：ChatGPT是一款基於人工智能的聊天機器人，能夠進行自然語言處理。

應用領域：廣泛應用於文本生成、數據分析、自動回應等領域。

設計流程優化

自動化草案創建：利用ChatGPT快速生成初步設計概念。

方案迭代：根據客戶反饋，快速調整設計方案。

客戶溝通強化

即時回應：利用ChatGPT提供快速而準確的客戶服務。

客戶需求分析：通過深度學習，更好地理解客戶需求。

創意啟發

設計靈感：ChatGPT提供最新設計趨勢和創意點子。

方案擴展：結合AI技術，拓展設計思維。

項目管理

進度跟蹤：自動更新項目進度，確保按時交付。

任務分配：高效管理團隊任務和責任。

成本控制

預算管理：使用ChatGPT進行成本估算和預算控制。

資源優化：智能分配資源，減少浪費。

市場分析

市場趨勢：分析當前市場趨勢，指導設計方向。

競爭對手：了解競爭對手策略，制定有效應對措施。

趨勢預測

未來展望：預測未來室內設計趨勢。

創新策略：基於趨勢制定創新設計策略。

客戶個性化

定制化服務：提供個性化設計方案。

客戶偏好：深入了解並滿足客戶特定偏好。

設計自動化

自動生成方案：自動化常規設計任務。

效率提升：節省時間，專注於創意和細節。

持續學習

最新知識：不斷更新設計相關知識和技能。

技術進步：了解並應用最新技術。

案例研究

成功案例：分享利用 ChatGPT 成功提升設計效率和品質的案例。

教訓與洞見：從實踐中學習，不斷改進。

客戶反饋

積極聽取：收集並分析客戶的反饋，持續改善服務。

關係強化：建立穩固的客戶關係。

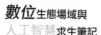

業務拓展

　　新市場：探索新的市場機會。

　　多元化：多元化服務範圍，滿足不同客戶需求。

品牌建設

　　品牌形象：利用ChatGPT提升品牌形象。

　　市場定位：明確市場定位，建立品牌優勢。

合作機會

　　行業合作：尋找合作夥伴，拓寬業務範圍。

　　技術融合：與科技公司合作，提升服務質量。

風險管理

　　風險預測：及早識別並應對潛在風險。

　　策略規劃：制定有效的風險管理計劃。

總結

　　總結室內設計師如何利用ChatGPT提升工作效率、品質及客戶滿意度。

聯繫資訊

如需進一步了解，請聯繫：

電子郵件：info@XXXXX.com

電話：＋123 456 7890

網站：www.XXXXX.com

2. markdown格式輸出後，點選右上角「copy mode」

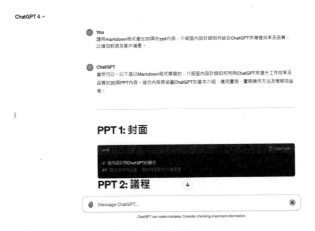

圖4：ChatGPT來創建PPT簡報範例2

3.

圖 5：ChatGPT 來創建 PPT 簡報範例 3

貼上，Import and create。

圖 6：ChatGPT 來創建 PPT 簡報範例 4

產生投影片，並可下載修改。

範例二：好運租車繪本——Midjourney

　　用 AI 工具——ChatGPT 及 Midjourney 的使用產生繪本範例及其說明。

　　Midjourney 是一個由位於美國加州舊金山的同名研究實驗室開發之人工智慧程式，可根據文字生成圖像，於 2022 年 7 月 12 日進入公開測試階段，使用者可透過 Discord 的機器人指令進行操作。該研究實驗室由 Leap Motion 的創辦人大衛·霍爾茲負責領導。

範例——繪本生成

　　User

　　小荷與小運想要租車旅行，他們來到「好運租車」，請用「來好運有好運」寫一篇故事。

ChatGPT

　　當然，這是一個關於小荷和小運在「好運租車」公司的故事，運用了「來好運有好運」這句話。

　　小荷和小運是一對熱愛冒險的年輕情侶。他們決

定利用假期去進行一場激動人心的自駕遊。於是,他
們來到了城市裡最受歡迎的租車公司——好運租車。

「來好運有,好運」,這是好運租車的口號,也成
了小荷和小運的旅行座右銘。

他們進了店,一名友善的服務員熱情地迎接了他
們。

「歡迎來到好運租車!我們公司的口號是『來好
運有,好運』,意味著選擇我們,您將會有一次愉快
的旅程。」服務員笑著說。

小荷和小運非常喜歡這個口號,因為他們相信選
擇對的公司對一個成功的旅行至關重要。

在服務員的建議下,他們租了一輛適合長途旅行
的SUV,還順便買了一些旅行保險和附加設備。

　　結帳時，服務員給了他們一個小禮物——一個寫著「來好運有，好運」的吊飾，以祝他們旅途愉快。

　　「這個吊飾是我們公司特製的，希望它能為你們的旅程帶來好運。」服務員說。

　　小荷和小運接過吊飾，掛在了車鏡上，然後開始了他們令人興奮的旅行。

　　他們沿著風景優美的海岸線駕駛，穿越了壯觀的山脈，最後抵達了一個美麗的湖邊露營地。

　　「看，一切都這麼順利，一定是因為『來好運有，好運』吧！」小荷開心地說。

　　「沒錯，這次旅行真是太完美了。」小運也笑著說。

　　他們都深感選擇好運租車是多麼正確的一個決

定，而那個吊飾成了他們美好回憶的一部分。

希望你喜歡這個故事！

小荷與小運想要租車旅行，他們來到「好運租車」，請用「來好運有好運」寫一篇八頁的繪本故事。

　　由於繪本故事通常依賴於圖像和短句子，這裡我會嘗試創造一個八頁的文字敘述，你可以自行添加相應的圖片。

頁一

　　圖片：小荷和小運帶著他們的背包，興奮地站在「好運租車」的門口。

圖7：好運租車繪本——Midjourney範例1

文字：

「今天是個特別的日子，小荷和小運準備去冒險！」

頁二

圖片：店員微笑地拿出一把鑰匙，遞給他們。

圖 8：好運租車繪本——Midjourney 範例 2

文字：

「他們走進好運租車，店員說，『來好運有好運！』」

頁三

　　圖片：小荷和小運看著多種顏色和型號的汽車，目不轉睛。

圖9: 好運租車繪本──Midjourney範例3

　　文字：

　　「哇！這麼多車可以選擇，哪一輛最適合我們呢？」

頁四

　　圖片：小荷和小運坐在一輛藍色的小汽車裡，開心地笑著。

圖 10：好運租車繪本──Midjourney 範例 4

　　文字：

　　「他們選了一輛藍色的小車，準備出發！」

頁五

圖片：他們的車開過美麗的田野和山丘。

圖11：好運租車繪本──Midjourney範例5

文字：

「沿途的風景如畫，他們覺得非常幸運來到這裡。」

頁六

圖片：小荷和小運在一個湖邊野餐。

圖12：好運租車繪本——Midjourney範例6

文字：

「來好運有好運，真的沒錯！他們找到了一個美麗的湖泊，決定在這裡野餐。」

頁七

圖片：他們拍照留念，背後是夕陽西下的湖面。

圖13：好運租車繪本——Midjourney範例7

文字：

「夕陽西下，他們拍了一張照片以紀念這次完美的旅行。」

頁八

　　圖片：小荷和小運將車子還回「好運租車」，店員向他們揮手道別。

圖14：好運租車繪本——Midjourney範例8

　　文字：

　　「旅程結束了，他們將車子還回了好運。『來好運有好運，期待你們下次再來！』店員說。」

　　這就是「來好運有好運」的八頁繪本故事！你可以根據這些文字添加相應的圖片，創造你自己的繪本！希望你喜歡！

以上繪本的圖片是配合以下用英文輸入 Midjourney所產生的圖片。（為使每頁的主角一致，需配合使用seed指令）

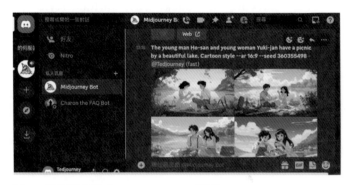

圖15：好運租車繪本——Midjourney範例9

請用英文

ChatGPT

Certainly! Below is an 8-page picture book story based on the phrase "Coming to He Yun brings good fortune." Usually, picture books rely on a combination of images and short sentences, so here, I'll create an 8-page text narrative for you to pair with corresponding images.

Page One

Image: A young man Ho-san and a young woman Yuki-jan stand excitedly at the entrance of "He Yun Car Rentals," carrying their backpacks. Cartoon style --ar 16:9

seed 360355498

Text:

"Today is a special day. Ho-san and Yuki-jan are ready for an adventure!"

Page Two

Image: A smiling clerk hands Ho-san and Yuki-jan a set of keys. Cartoon style --ar 16:9 –seed 360355498

Text:

"They walk into He Yun Car Rentals, and the clerk says, 'Coming to He Yun brings good fortune!'"

Page Three

Image: The young man Ho-san and young woman

Yuki-jan are amazed by the array of cars available in different colors and models. Cartoon style --ar 16:9 –seed 360355498

Text:

"Wow! So many cars to choose from. Which one will be perfect for us?"

Page Four

Image: The young man Ho-san and young woman Yuki-jan sit in a blue compact car, smiling happily. Cartoon style --ar 16:9 –seed 360355498

Text:

"They pick a blue compact car and are ready to hit the road!"

Page Five

Image: The young man Ho-san and young woman Yuki-jan drive the car through picturesque fields and hills. Cartoon style --ar 16:9 –seed 360355498

Text:

"The scenery along the way is beautiful. They feel lucky to be on this journey."

Page Six

Image: The young man Ho-san and young woman Yuki-jan have a picnic by a beautiful lake. Cartoon style --ar 16:9 –seed 360355498

Text:

"Coming to He Yun really does bring good fortune! They find a stunning lake and decide to have a picnic."

Page Seven

Image: The young man Ho-san and young woman Yuki-jan take a keepsake photo with the setting sun over the lake in the background. Cartoon style --ar 16:9 –seed 360355498

Text:

"As the sun sets, they snap a photo to remember this

perfect trip."

Page Eight

Image: The young man Ho-san and young woman Yuki-jan return the car to "He Yun Car Rentals," and the clerk waves goodbye. Cartoon style --ar 16:9 –seed 360355498

Text:

"The journey comes to an end, and they return the car to He Yun. 'Hope to see you again soon,' says the clerk."

This is your 8-page picture book story based on "Coming to He Yun brings good fortune." You can create your own illustrations based on these texts to complete your picture book. Hope you enjoy!

第十章
短經濟如何長命——
人工智慧與商業模式

小智：「小慧，我們知道外送平台如熊貓和Uber Eats
在疫情期間業績大增，但你有想過人工智慧在
這背後扮演了什麼角色嗎？」

小慧：「當然了，小智。人工智慧在這些平台的運營
中發揮了關鍵作用。例如，AI可以優化配送路
線，提高效率，減少交付時間。」

小智：「對，這正與他們的魔術數字247相關。AI的
介入，讓兩小時內完成服務成為可能，這對保
持食物的『熱度』和『溫度』至關重要。」

小慧：「而且，AI還可以分析消費者的購買行為，幫
助商家預測需求，從而更好地管理庫存和生
產。這就是短長兼容並俱策略的一部分，它幫
助平台在短期交易中穩定和增長。」

小智：「沒錯，小慧。而且，AI的使用不僅限於物

流，它還能通過個性化推薦來增加客戶滿意
度。這樣一來，顧客不僅得到快速服務，還得
到了個性化的體驗。」

小慧：「這正是為什麼創業者需要深入了解人工智慧
和這種新商業模式的結合。不僅是開創新路，
更是跟上時代的步伐。」

短經濟如何長命　熊貓及 Uber Eats 的魔術數字247

在2020開春後，全球因受到冠狀病毒影響，導致人與人接觸減少，而使商場及店家的生意受到打擊。相對的外送服務則在業績上大幅提昇，如熊貓、Uber Eats的外送平台革命在當下形成飛躍進展。

外送平台的產業生態系符合兩種商業利益特點

（1）生態互助求利益

（2）累積量大求獲利。生態互助方面，在外送平台的生態系中，商家解除了到店客源變少的壓力、客戶滿足了餐飲或其他服務的需求

圖1：小智與小慧聊著「短經濟如何長命——熊貓及Uber Eats的魔術數字247。」

外送員獲得報酬及平台業者得到了服務費收入。而要如何累積量大求獲利？要有三個因素：

（1）符合三種「現」型

（2）要有魔術數字的247

（3）短長兼容並俱。

三種「現」型

短經濟要有三種型態的出現，外送平台靠著「現點、現做及現享受」的三條「現」，取代了店面生意也同時擊潰了中國康師傅的泡麵王國。統計數字也顯示，外送平台以飲食類需求佔多數。

魔術數字的247分別代表，2代表兩個小時內由訂餐、製作、取餐及遞送完成服務才有「熱度」及「溫度」。4代表的是一天三餐加宵夜共四個時段，享受服務不間斷。而7呢，當然就是一週七天內，每天服務。

短長兼容並俱

平台長期生存另一種關鍵則在結合短長，外送平

台革命是一種「宅經濟」結合「外送服務」，這種服務型態是一種「短」模式（流程時間要短），而且金額不大。所以在獲利的考量上一定要結合另一種顯著的因素——「長」。是的，如同長尾理論所強調的銷量小但種類多或價格低銷量大的產品或服務，也可累積顯著的總收益並可能超過主流產品的現象。

看完上面的分析？您餓了嗎？短經濟如何長命？要有自己的路。無論是經由網路平台或實體店面提供產品服務的創業者，都要掌握門路。如同以前介紹過的六路：

要變富，先開路；不開路，要問路；不問路，要探路；不探路，要借路；不借路，要有門路；沒有門路；找後路，再不掌握這六路必然會「走投無路」。

圖2——短經濟的商業模式及外送餐的魔術數字247

九九乾坤話一統- 商業模式

圖3: 補充影片：九九乾坤話一統——商業模式
https://youtu.be/N2c7B97oVdk

範例一：虛擬教室與舞台——Vyond

　　請產生如何使用AI工具——「Vyond」產生影片的範例及其使用說明。

動畫影片生成——Vyond

Vyond是一個創建於2007年的美國雲端動畫影片創作平台，由Alvin Hung創立，由位於加州聖馬特奧的GoAnimate, Inc.開發。平台的使用提供多樣的媒體工具，可增強觀眾和學習者的參與度。Vyond通過模板、音頻選項和廣泛的工具庫便於創建動畫影片，適合員工培訓或使營銷團隊能夠製作靈活性和實惠性符合業務需求的影片。在培訓和數位學習中，影片教學的方式可以吸引學習。Vyond通過講故事重新定義訓練內容，以清晰直觀的溝通改善學習成果。在營銷方面，Vyond軟體平台將影片整合到廣告中，增強營銷影響並激發觀眾採取行動。對於人力資源，它通過影片增強了公司範圍內的合作、溝通和文化，用動畫形式的簡潔資訊替代雜亂的內容。

Vyond的影片媒體優勢在於其簡單的操作介面；通過動畫影片講述引人入勝的故事。使用Vyond，這些故事可以通過影片美觀且直觀地講述，而不是單調的靜態內容，通過溝通的結果留下更深刻的印象。

先用 ChatGPT 生成文案「請用 Vyond 產生一個聖誕節促銷廣告的影片對話。」

ChatGPT

當然，我可以為您設計一個聖誕節促銷廣告的腳本，適合用在 Vyond 上創作。以下是一個範例：

場景1:

背景：熱鬧的購物街，裝飾有聖誕燈飾和樹。

角色：一位穿著節日服裝的店員站在店門口。

店員（微笑）：「歡迎來到我們的節日特賣！我們為大家準備了不可思議的聖誕節優惠！」

場景2:

背景：店內，展示各種促銷商品。

旁白：「這個聖誕節，享受高達 50% 的折扣！從時尚服飾到最新電子產品，應有盡有。」

場景3：

背景：快樂的家庭在聖誕樹下打開禮物。

旁白：「為您的摯愛挑選完美禮物，讓這個聖誕節成
　　　為難忘的回憶。」

場景4：

背景：回到店門口，店員向客人揮手。

店員：「來我們店裡探索更多！但別等太久，優惠只
　　　持續到12月25日！」

場景5：

背景：閃爍的聖誕節裝飾和文字。

旁白：「祝您聖誕快樂，我們期待您的光臨！」

　　　您可以根據這個腳本在 Vyond 上創建動畫，並自
行調整細節以符合您的品牌和促銷策略。

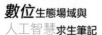

翻譯成英文

ChatGPT

Sure, here's the translation of the Christmas promotion advertisement script into English:

Scene 1:

Background: A lively shopping street decorated with Christmas lights and trees.

Character: A salesperson in festive attire standing at the store entrance.

Salesperson (smiling): "Welcome to our holiday sale! We have incredible Christmas offers prepared for everyone!"

Scene 2:

Background: Inside the store, showcasing various promotional products.

Narration: "This Christmas, enjoy discounts of up to 50%! From fashionable clothing to the latest electronics, we have it all."

Scene 3:

Background: A happy family opening gifts under the Christmas tree.

Narration: "Choose the perfect gift for your loved ones and make this Christmas a memorable one."

Scene 4:

Background: Back at the store entrance, the salesperson waves to customers.

Salesperson: "Explore more in our store! But don't wait too long, offers last only until December 25th!"

Scene 5:

Background: Twinkling Christmas decorations and text.

Narration: "Merry Christmas, and we look forward to seeing you!"

You can use this script to create an animation on Vyond, adjusting details as necessary to fit your brand and promotional strategy.

圖4：Vyond範例1

打開Vyond，可以選用左上角的AI自動生成影片。

圖5：Vyond範例2

　　把腳本貼入內容框，可以選用下方的對話版或主播版自動生成影片。

影片的國別
及語言

圖6：Vyond範例3

下方可以影片的國別及語言（有些國別及語言需付費）。

右上角
可以編
輯影片
語言

圖7：Vyond範例4

　　自動生成後的影片，右上角可以編輯影片。例如可以把右邊的對話內容置入字幕。

圖8：Vyond範例5——編輯影片把對話內容置入字幕

圖9: Vyond 範例6-生成後的影片透過右上角的選項可下載
（已上傳至 https://youtu.be/TZexVIuM5Q4）

圖9：Vyond範例6——生成後的影片透過右上角的選項可下載
（已上傳至 https://youtu.be/TZexVIuM5Q4 ）

另可參考作者製作的<u>中文影片</u>：

圖10：Vyond範例──兩袋之爭，洗腦袋賺口袋（https://youtu.be/i7oQoWwIAxA?si=VXOrC2mndO41kFGb）

第十一章
AIOT-AI of Things 人工智慧聯網

由AIPC到AIOT──人工智慧物聯網

微軟 Windows 12 將於 2024 年 6 月上市，預計導入大量 AI 技術，成為 AI PC 的領頭羊，PC 電腦業者同聲看好 AI 邊緣運算商機並強調 AI PC 可能在明年夏天問世，並重申配合生成式 AI 的應用可望對 PC 電腦產業帶來新機會且將不斷加速。另有科技業者指出 2024 為 AI PC 元年而且在新創募資項目中，更有三分之二都和生成式 AI 相關，這些新生態系、新項目的出現，拓展了 2023 年的新 AI 生態圈。

業者並指出，生成式 AI 為 PC 添利多，對於 AI PC 正在發生中的進程樂觀，並可能一步步推進，這個過程會「不斷加速」，而生成式 AI 應用將加速更多功能導入，勢必刺激新的使用模式、進而帶動 AI

PC的需求。而另一方面，人工智慧（AI）與物聯網（IoT）彼此間更為緊密，兩者融合而出現的新應用型態「AIoT（人工智慧物聯網）」且可望配合雲端數據與分析、嵌入式系統與感測器及5G行動通訊技術等三大關鍵應用領域帶動AIoT應用生態發展，AIoT——人工智慧物聯網屆時也將重塑我們的工作與生活。在期待人工智慧物聯網未來的同時，以下內容也簡述人工智慧歷史與發展趨勢；食、衣、住、行、教育和娛樂的生活應用及如何提升眼、耳、鼻、舌、身及心意等可能之感官應用。

一、序曲場景：AI人工智慧的歷史與發展趨勢

　　小智和小慧坐在咖啡廳的一角，周圍是輕鬆的咖啡香和輕微的咖啡杯聲響。他們的談話聚焦於近年來興起的一個熱門話題——人工智慧。

　　小智開始說道：「從2022年底開始，生成式人工智慧引起了一陣風潮，吸引了許多人的關注。你知道

這是什麼嗎？」

　　小慧點了點頭：「當然，人工智慧（AI）是指由電腦系統執行的任務，這些任務通常需要人類智能，例如語言識別、學習、規劃和解決問題。」

　　「對，」小智接著說，「AI的歷史可以追溯到20世紀中葉。最早期的研究集中在問題解決和符號方法上。但真正的突破是在機器學習的發展，特別是深度學習。」

　　小慧思考片刻後說：「對，深度學習使得機器能夠通過神經網絡進行學習，從而大大提高了處理複雜數據的能力。像生成式對抗網絡（GAN）這樣的技術，使得AI能創造出逼真的圖像和音頻，這就是最近大家都在談論的生成式人工智慧。」

　　「沒錯，」小智點頭，「這些技術的進步，特別是在自然語言處理領域，讓AI能夠更好地理解和生成人類語言。像是我們現在使用的語音助手和聊天機器人，就是很好的例子。」

　　小慧補充說：「不過，隨著AI技術的發展，也帶來了許多道德和社會問題，例如數據隱私、偏見和就

業安全等。」

　　「確實如此，」小智認真地說，「未來的AI發展趨勢可能會更加注重這些問題的解決，同時也會繼續在智慧自動化、增強現實和虛擬現實等領域進步非凡。」

　　小慧微笑著說：「是啊，AI的未來充滿了無限可能，讓我們繼續關注和學習吧。」

　　他們繼續聊著對AI未來的展望和想象，咖啡廳裡的時間似乎因為他們的對話而變得更加有趣和富有啟發性。

人工智慧從2022年底的生成式人工智慧造成一陣風潮後，有許多人都對人工智慧產生了好奇也想進一步了解。小智與小慧他們討論著什麼是人工智慧？它的歷史及趨勢等狀況。

圖1：人工智慧的歷史及趨勢

二、場景一：AI人工智慧與生活

「小智和小慧的討論進入了更加深入的階段，他們開始探討人工智慧（AI）在日常生活的各個方面，如食、衣、住、行、教育和娛樂的應用。

小智首先提到食品行業：「在食品領域，AI正被用於改進食品安全和品質控制。比如，通過影像識別技術檢測食品中的異物或不符合標準的產品。另外，AI也幫助提高農業生產效率，比如精確農業中的作物健康監測。」

小慧接著談到了服裝：「在服裝行業，AI正變革設計和零售。AI可以分析時尚趨勢和消費者偏好，協助設計師創作新款服裝。而在零售方面，通過虛擬試衣鏡和個性化推薦，AI提供了更個性化的購物體驗。」

談到住宅，小智說：「在住宅方面，智能家居是AI的一大應用領域。從智能照明、溫度控制到安全監控系統，AI使我們的家更加智能和安全。」

在交通方面，小慧興奮地說：「AI在交通行業的

影響是顯而易見的。自動駕駛車輛和智能交通系統都在努力提高交通安全和效率，減少交通擁堵和事故。」

小智接著談到教育：「在教育領域，AI提供了個性化學習體驗。它可以根據學生的學習進度和風格調整教學內容和節奏，甚至可以透過智能助手協助學生學習。」

最後，談到娛樂，小慧說：「娛樂行業也正在被AI重塑。從智能音樂推薦系統到影視作品中的特效生成，AI在提供更豐富和個性化的娛樂體驗方面發揮著重要作用。甚至在視頻遊戲中，AI也被用來創造更真實的遊戲環境和對手。」

他們的對話不僅顯示了AI技術的多樣性，也反映了AI如何深入我們日常生活的各個方面，使之更加智能和便捷。隨著技術的不斷進步，AI未來在這些領域的應用將更加廣泛和深入。小智和小慧對此充滿期待，他們相信AI將繼續改變我們的世界和日常生活。」

圖2：小智和小慧的討論進入了更加深入的階段，他們開始探討
人工智慧（AI）在日常生活的各個方面，如食、衣、住、行、教
育和娛樂的應用。

三、場景二：AI人工智慧提升眼、耳、鼻、舌、身及意等感官應用

小智和小慧的討論進入了另一個技術層次應用的階段，他們開始探討人工智慧（AI）如何在感官——眼、耳、鼻、舌、身、意——的應用中發揮作用並提升體驗。

小智首先談到了「眼」的應用：「在視覺方面，AI的應用非常廣泛。例如，在醫療領域，AI可以通過影像識別幫助診斷疾病。在安全監控領域，AI增強了視頻監控的能力，能自動識別可疑行為或事件。甚至在藝術創作上，AI也能創作出獨特的視覺藝術作品。」

小慧接著談起「耳」的應用：「在聽覺方面，AI主要表現在語音識別和處理上。智能助理能夠理解和回應我們的語音指令。另外，在音樂產業中，AI能夠創作音樂，甚至能根據用戶的聽歌習慣推薦個性化的音樂播放列表。」

提到「鼻」的應用時，小智說：「這方面的應用

還在起步階段，但已經有一些進展。比如，在食品和香水行業，AI可以分析成分，幫助創造新的味道。在安全檢測上，AI也可以用來識別危險化學物質的氣味。」

關於「舌」的應用，小慧興奮地說：「AI在口味創造和分析上已有突破。例如，AI可以分析大量的食物配方和口味偏好，從而幫助廚師創造出新的菜肴。此外，AI也被用於食品品質控制，如通過味道分析來評估食品的新鮮度。」

談到「身」的應用，小智說：「在觸覺方面，AI的應用體現在機器人和觸覺反饋技術上。例如，手術機器人可以在醫生的控制下進行精細操作。在虛擬現實中，AI配合觸覺反饋裝置，可以提供更加真實的觸覺體驗。」

在「身」的應用上，作者認為還另有一種「反其身」的應用，即是不需人親身歷險去做，例如火場救火及如下圖的高空施工三人組（由另一種AIOT- AI機器人來代工on TOP）。

圖3: 高空施工三人組

最後，談到「意」的應用，小慧說：「AI在情感識別和情緒智能方面的應用正在快速發展。例如，有些AI系統可以分析用戶的語音和面部表情來識別情緒，這在心理健康和客戶服務領域非常有用。」

通過這次深入的討論，小智和小慧對AI在感官應用方面的潛力和未來發展有了更深的理解。他們相信隨著技術的進步，AI將在感官體驗的各個方面發揮越來越重要的作用，從而豐富和改善人類生活。

圖4：人工智慧（AI）如何在感官：眼、耳、鼻、舌、身、意的
應用中發揮作用並提升體驗，側重於其感官應用。

四、場景三：AI的應用 —— 設計思維；
　　　製造思維與混成思維

　　小智與小慧穿著同款的 T-shirt 在咖啡廳討論 AI 的
應用，小智看著小慧身上的 T-shirt，與小慧接著談到
人工智慧與思維轉變的話題。

小智：我們身上這件 T-shirt 上的貓好特別的，誰的設
　　　計啊？

圖 5：小智與小慧穿著同款的 T-shirt 在咖啡廳討論 AI 的應用

小慧：這T-shirt上的粉紅貓其實是有故事的，粉
紅貓原本是一幅畫作（如下圖），

圖6：粉紅貓

並請廠商設計T-shirt，結果打樣出來的樣品如下
圖，感覺上就只是把作品直接印上去而已。

圖7：製造業的「製造思維」

小智：對啊，這就是傳統製造業的「製造思維」——
　　　量大成本低。或許應加入一些「設計思
　　　維」——營造另一種奇特。

小慧：沒錯，後來這件T-shirt除了由專業設計大師設
　　　計了如下圖的設計並生成模擬圖。

圖8：時尚的「設計思維」

圖9：生成式人工智慧結合設計範例1

　　另外作者也特別嘗試以生成式人工智慧參考原作
也產生另一如下的設計圖。

圖10：生成式人工智慧結合設計範例2

小智：在人工智慧領域，圖靈測試通常是用來評估一
　　　個機器是否能展現與人類相似的智能，當作者
　　　把下列倆圖片以生成式人工智慧判斷後給的回
　　　覆如下：「這些圖片展示的都是貓咪的圖案，
　　　一幅貼在T恤上，另一幅看起來像是T恤的設
　　　計

圖 11：生成式人工智慧結合設計範例 3

概念。雖然我無法參考外部資料庫來確定它們是否由機器生成，但我可以評估圖片的風格和特徵來提供一個基於經驗的觀點。從視覺上看，這些圖案的風格與目前市面上流行的許多由機器生成的藝術相似，但也完全有可能是藝術家根據當前數位藝術風格手工創作的。如果這些圖案是機器生成的，那它們展示了生成模型在模仿手繪藝術風格方面的進步。但要做出最終判斷，通常需要更多的上下文信息，例如創作過

程的細節或原始圖片的來源。在這種情況下，沒有這
些信息，我無法給出一個確定的答案。」

小慧：姑且不論以上的回覆，您是否同意！但不可否
　　　認的是生成式人工智慧程度上可提昇純有「製
　　　造思維」而沒有「設計思維」的痛點，相對的
　　　也可幫助純有「設計思維」沒有「製造思維」
　　　所需考慮的成本、製程及品質等因素，至於有
　　　無提昇到另一種滿足點（爽點）或生成另一種
　　　互補性的「混成模式」尚待深入研究。

結論：

　　本文先由AIPC與AIOT人工智慧物聯網的議題觸
發簡介AI人工智慧的歷史與發展趨勢並引發生成式
AI人工智慧與生活應用可能提升眼、耳、鼻、舌、身
及意等感官應用功能。

　　可見的未來在AIOT人工智慧物聯網配合生成式
AI人工智慧的功能下如何生成再上一層，或許您我
除了加強原領域及場域的技能外更有可能延伸能力至
混域及跨域。而俱有使用AI人工智慧的能力的人在

食、衣、住、行、育、樂可能營造另一種奇特，相同
的 AI 人工智慧的技術可能對眼、耳、鼻、舌、身、
意在解決痛點及創造滿足點可能產生另一種給力。

　　AI 人工智慧新技術的到來，未來從學習到應用的
過程改變了。而先知先覺者著重佈局，後知後覺者要
懂得應變，而最後一種不知不覺者可能等著被改變。
（本文影片網址：https://youtu.be/RqUBn5TyeSI）

範例：BP logo 連結藝術家簡介 —— Artivive

　　使用 AI 工具 ——「Artivive」產生影片的範例及
其使用說明。

　　Artivive 是一家致力於擴增實境（AR）藝術的科
技公司，於 2017 年在奧地利維也納成立。它為藝術家
提供了將傳統藝術與數位藝術結合的平台，推動新媒
體藝術的發展，並幫助藝術機構擴展他們的藝術收
藏。該公司的目標是改變藝術品的創作和鑑賞方式，
並在 AR 藝術品的社群中建立聯繫。

Artivive是一種創新的工具，程度或能改變了人們觀看藝術的方式。藝術家可以在傳統藝術作品上傳至平台，觀眾可以透過應用程式來體驗這些作品。使用時手機對準藝術品，便可透過應用程式中的AR技術，呈現作品的另一種新維度，實現與藝術以外或更深層次的連結。

Artivive的介面設計清晰簡潔，分為左側的Marker編輯區（用於處理原始圖像）和右側的Resource編輯區（用於創建動態AR內容）。

（圖片來源：Artvive）

圖12：生成式人工智慧——「Artivive」產生影片的範例1

範例一：藝術結合時尚展——2D作品結合展出3D影片

1. 步驟1：選擇原作品。

圖13:「Artivive」產生影片的藝術作品範例2

2. 步驟2：選擇所欲呈現之理念── 例如播放影片（本範例中的 Taipei Fashion Week SS22-2021）。

圖14:「Artivive」產生影片的範例藝術作品範例3

圖15:「Artivive」產生影片的範例藝術作品範例── Taipei Fashion Week SS22-2021

265

3. 在 Artvive 的左方上傳原作品，右方上傳原作品，
　下方會出現預覽的效果。

圖16：「Artivive」產生影片的範例藝術作品範例3以藝術作品給
合現場影片為例：Taipei Fashion Week SS22-2021(當開啟 Artvive
App 鏡頭對準左上角作品時，此時 App 中間的作品會出現原先已
設定好配合播放的影片)，一種圖型式 QR-code 的概念。

4. 存檔完成後，平台會列出完成作品範例。

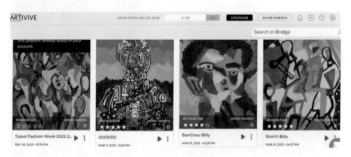

圖17：作者 Artvive 完成作品範例

範例二：作品——一位貓主人為了紀念寵物喵喵，特地請藝術家畫了一幅小喵喵的畫，當作品完成後吸引人多數人的目光。當創作者取得了原主人的同意後，將小喵喵的圖像開發了多樣的商品，如下圖的義大利進口白酒。所以只要使用Artvive對準酒瓶上的小喵喵圖樣其他文創品的同幅圖樣即會呈現下圖的產地酒莊影片。

圖18：粉紅貓結合義大利白葡萄酒範例1

圖 19：粉紅貓結合義大利白葡萄酒範例 2

圖 20：粉紅貓結合義大利白葡萄酒範例 3

範例三：作品——一位Puppy主人為了紀念寵物Puppy，特地請藝術家畫了一幅Puppy的畫。所以只要使用Artvive對準畫作上的Puppy即會呈現下圖的Puppy影片。

圖21：Puppy主人為了紀念寵物Puppy範例1

圖22：Puppy主人為了紀念寵物Puppy範例2

圖23：Puppy主人為了紀念寵物Puppy範例3

第二篇
人工智慧求生筆記

第一章
ChatGPT——未來並不可怕，不知道未來才應該害怕

場景：在一家大型企業的人力資源部門內，幾位核心幹部正討論著未來一年的人力資源規劃及執行方案。

小智：「看來我們今年面臨的挑戰相當多，特別是考慮到人口出生率的下降和老齡化對就業市場的影響。」

小慧：「確實如此，我們需要一個創新的策略來應對這些變化。例如，我們的『開春三箭』計劃——新春、二春和回春。」

小智：「對，新春策略專注於吸引新人才，這對我們來說至關重要。我們需要找到能夠在市場上佔有競爭優勢的新血。」

小慧：「而二春則是關於在職員工的再培訓和心態轉變。我們必須確保員工不斷學習，保持與時俱

進。」

小智：「回春則是關於重新吸納那些離開或退休的員
　　　工。他們對公司文化有深厚的理解，能迅速融
　　　入團隊。」

小慧：「這就像是資源拼湊理論，我們要善用現有的
　　　資源，無論是材料還是人力。」

小智：「確實。而且在規劃這些方案時，我們可以嘗
　　　試使用ChatGPT這樣的人工智慧工具來幫助我
　　　們。」

小慧：「聽起來不錯。我們可以利用ChatGPT來幫助
　　　撰寫計劃方案，甚至可能獲得一些我們未曾想
　　　到的創新想法。」「我們還可以使用ChatGPT
　　　來模擬不同的人力資源情景，這樣我們就可以
　　　更好地準備未來可能發生的變化。」

小智：「確實。這不僅僅是關於找到解決方案，更是
　　　關於如何適應一個不斷變化的世界。未來並不
　　　可怕，真正可怕的是對未來一無所知。」

小慧：「這也正是我們需要保持學習和創新的原因。
　　　人工智慧可以幫助我們，但最終決策和創新還

是來自於我們自己。」

小智：「正確。我們需要確保我們的團隊不僅對新
　　　　技術保持開放的態度，而且還要能夠靈活適
　　　　應。」

小慧：「我們可以開始設計一個培訓計劃，專注於提
　　　　升員工對新技術的理解和應用能力。」

小智：「這是個好主意。我們還應該考慮將這種思維
　　　　方式融入我們的企業文化中，鼓勵創新和持續
　　　　學習。」

小慧：「畢竟，這不只是關於技術的變革，更是關於
　　　　人和文化的變革。我們需要打造一個能夠持續
　　　　適應和發展的組織。」

小智：「在我們討論人力資源策略的同時，我們也需
　　　　要關注公司的資訊安全，特別是在數位化時
　　　　代。我們最近發生的信用卡系統安全事件提醒
　　　　了我們這一點。」

小慧：「確實如此。我們需要確保我們的系統和數
　　　　據安全，這就是為什麼我們應該考慮實施
　　　　ISO27001資訊安全管理系統。」

小智：「ISO27001是一套國際標準，旨在幫助組織建立和維護有效的資訊安全管理系統（ISMS）。它可以幫助我們預防資訊安全事件，如數據洩露或駭客攻擊。」

小慧：「我剛剛閱讀了一篇關於銀行信用卡系統遭到駭客入侵的案例。如果我們能夠有效地實施ISO27001，這樣的事件就可以大大減少。」

小智：「是的，這就是我們需要重視資訊安全的原因。我們的客戶和員工都依賴我們保護他們的數據安全。」

小慧：「關於這點，我們也許應該考慮讓我們的員工參加ISO27001的培訓和認證。這不僅能提高他們的技能，也能增強我們公司的安全文化。」

小智：「我同意。但考取ISO27001證照並不容易。它需要深入瞭解資訊安全原則，以及如何在組織中實施這些原則。」

小慧：「我知道這個過程會有挑戰。我記得有一次我試圖瞭解ISO27001的要求時，發現它涵蓋的

範圍非常廣泛，從風險評估到安全政策，再到員工培訓和應急計劃。」

小智：「這就是為什麼我們需要投入時間和資源來確保我們的員工得到適當的培訓。ISO27001的認證不僅是一張紙，它是我們對客戶和員工承諾保護他們數據的證明。」

小慧：「我完全同意。讓我們開始規劃這個培訓和認證過程吧，確保我們的團隊準備好面對這些挑戰。」

圖1：小智和小慧討論著「ChatGPT——未來並不可怕，不知道未來才應該害怕」。

　　場景：隨著新的一年到來，各行各業開工鞭炮聲大響，企業內的各部門也隨即開展未來一年的佈局。此時就在某大型企業的人資部門內，有幾位核心幹部正討論著人力資源的規劃及執行方案。

　　會議中當然會針對近年來的人力市場、薪資結構及流動性等相關資訊交換意見以為方案的因應，其中有一項針對人力市場的現況及趨勢是正在發生且似乎不可逆的事實——人口出生率的下降及人口老化等（人口紅利逐漸消失），該現況正影響著就業市場的供給。隨著人資會議接近尾聲，結論及執行大綱：開春三箭——新春、二春及回春」也逐漸成型。

開春三箭——新春、二春及回春」

　　新春：「新」人召募的重點在市場面及競爭優勢，「二」春的重點會是在職同仁的二次訓練及心態的改變——例如管理學所說的企業再造Re-engineering，著重在年齡可以大，心態不能老；體力可以弱，學習不能少，而最後一項——「回」春著重的是——去職或退休人員的「回」聘：人與企業間

的緣份或磁場並不是一成不變，長青企業內當然會有
伴著公司一路成長的鐵打夥伴（資深員工），另一方
面也當然會有離開現有團隊另行找路的夥伴。

但如同客戶關係管理的理論所述——找一個新客
戶所花的努力是維繫一個既有客戶的十倍，同理如果
可以找回有價值且磁場緣份再度契合的前夥伴回來共
同打拼，在人資的策略上也是個可行之處。實例上，
職場上也常發生有著革命情感的舊愛勝三心倆意調頭
就走的新歡。

拼湊理論結合實務與學術——善用工具：目瞪口
呆、悲哀或唱衰各有所嗨

隨著上述實例的開春三箭策略確定後，接著是規
劃方案的撰述及實務面的執行。會議上針對開春三箭
方案的撰述就面臨了內容如何撰述的問題。此時與會
的同仁——「小姿」提出了三春策略就如同理論上的
「資源拼湊」理論可以套用「就地取材、將就著用及
資源重組」等三因素來撰述。但此時部份的人針對該
結合實務與學術架構的撰寫臉有難色……

只見一旁的「小安」面有喜色的說「剛好，今年

過年期間，有許多人在討論著一個話題——ChatGPT人工智慧可以協助建構文案」，或許我們可以試試」。當場大夥心存懷疑但也試著輸入以下的文字「資源拼湊理論如何應用於人力資源？選任評估人才（新春）？資源拼湊理論如何培訓員工（二春）？資源拼湊理論如何回聘員工（回春）？」。

　　不消幾秒鐘後，一個接近一仟個字的文案「（1）、新春：評估人才：評估每個候選人的經驗、技能、背景等，以確定是否符合公司的要求。選擇最佳人選：選擇最合適的人選，以滿足公司的需求。實施入職：與新員工討論薪資、福利待遇、工作職責等事宜……；（2）、二春：資源拼湊理論如何培訓員工？培訓員工的一些具體步驟……評估員工技能需求：評估公司的戰略需求以及員工的技能需求，確定培訓的目標。設計培訓計畫：根據評估的結果，設計適合員工的培訓計畫。選擇培訓方式：根據員工的學習風格和培訓目標，選擇適合的培訓方式，如課堂培訓、在職培訓、線上學習等……；（3）、回春：資源拼湊理論如何回聘員工？……回聘員工的一些具體步驟：

評估公司需求：評估公司當前的人力資源需求，以確定是否需要回聘員工。向員工發出邀請：通過電話、電子郵件等方式，向先前離職的員工發出回聘邀請。……」。案稿霎時浮現的當下，只見在場同仁目瞪口呆，當然可能有些人心中也一陣悲哀或唱衰各有所嗨。

未來並不可怕，不知道未來才應該害怕

此時剛考取資安證照──ISO27001的小安眼見大夥的神色，暗自竊喜但也有點擔心弄巧成拙，說道「或許這只是湊巧，我們再來試試其他比較困難的例子看看……」。一旁的小姿也接著說「對啊，人的價值怎麼與人工智慧來比！剛好過年期間有信用卡的資安事件，那就用ChatGPT把您剛考上的資安證照──ISO27001內容、取得資格與資安實例編寫個案例好了」。

當下大夥再度輸入了以下文字「請寫一篇1,000字左右的故事，男主角──小安，剛剛很高興的考上ISO27001證照，女主角──小姿，剛好在閱讀一篇銀行信用卡系統遭到駭客入侵讓客戶受到盜刷

侵害的案件。請把 ISO27001 與銀行信用卡系統如何避免駭客入侵的倆個事件串連起來。加上什麼是ISO27001？要如何準備考取 ISO27001 證照及一些曲折的情節。」

同樣的，不消幾秒鐘，一篇帶著劇情的文章出現了——「小安從小就喜歡學習，他一直很努力，不斷的從事各種課題，最終考取了 ISO27001 證照，他很高興，他的努力終於有了值得稱讚的成果。⋯⋯他們的故事也喚起了很多人對資訊安全的重視也流傳了很久」。（這個劇本在倆個小時內被製成了影片——https://youtu.be/fiKfnWHK6bc - ChatGPT 寫故事 ISO27001 與資安）。

會後一位同仁說道，那以後小孩可能不用學習了，是不是直接用類似這種工具找答案就好，沒有思考力，那可怎麼辦！一旁的同仁——泰德說道，「那倒也不是，人類的價值在於思考及善用工具——用合適的工具來效率性的學習已知；剩餘的時間可以多面性的思考未來」——未來並不可怕，不知道未來才應該害怕。

此刻的泰德，抬著頭望著天花板，心中也沈思著——自己未來的價值在哪？或許如同電影「飄」中最後的那一句話——「明天，又是全新的一天！」，就用它來鼓勵未來的自己！

圖2：各種企業場景中，人力資源戰略以及與人工智慧技術的互動。

第二章
看官——起風了 *@*GPT

小智：小慧，你有看到最近關於ChatGPT的討論嗎？
　　　它的發展速度讓我想起了三國演義中的赤壁之
　　　戰。

小慧：當然有。但我覺得ChatGPT不僅僅是一場戰
　　　役，它更像是一場技術革命。就像諸葛亮的
　　　智慧一樣，ChatGPT展示了人工智慧的巨大潛
　　　力。

小智：我同意。我讀了一篇文章，提到ChatGPT在工
　　　作場所的應用已經達到68%，但很多老闆甚至
　　　都不知道。

小慧：是的，這正顯示了ChatGPT的潛在影響。它在
　　　職場技能、學術研究甚至日常生活中都有廣泛
　　　的應用。

小智：但這也帶來了挑戰，例如職場的透明度問題，
　　　以及關於AI產生內容的真實性和可靠性。

小慧：對，而且我們還需要考慮到人工智慧的道德和
　　　法律問題。比如，我們如何確保 AI 在尊重人
　　　權和個人隱私的同時發展？

小智：我認為，這就像你提到的諸葛亮的智慧。我們
　　　需要智慧地引導這項技術的發展，確保它為社
　　　會帶來積極的影響。

小慧：完全同意。ChatGPT 就像一場「星火燎原」的
　　　革命。它的潛力是巨大的，但我們也必須謹慎
　　　行事，避免「偃旗息鼓」的結局。

小智：是的，就像諸葛亮在赤壁之戰中那樣，我們需
　　　要智慧和策略來引導這場技術革命。

　　　這個對話展示了小智和小慧對 ChatGPT 及其在社
會中角色的不同觀點，同時也體現了他們對未來技術
發展的期待和擔憂。

圖1：小智與小慧倆位討論著「看官——起風了@GPT」的議題

「看官──起風了@GPT-anyGPT」

由三國演義看ChatGPT是星火燎原抑是偃旗息鼓？

　　還記得三國演義那部影片嗎？影片中諸葛亮與旁邊的隨從有句對話「丞相，起風了」，在對話後的赤壁之戰，火燒連船影片的一幕深深烙印在許多人心中。作者一週前的一篇文章──「ChatGPT──未來並不可怕，不知道未來才應該害怕」。熱度上除了瞬登熱門新聞首名外，未隔幾日也受到新聞媒體的採訪，可見其議題確有其發酵之處。但ChatGPT的風向是繼續吹造成星火燎原呢抑是會熄火而偃旗息鼓？

這波ChatGPT的火紅火熱，看官讀者您怎麼看呢？

　　幾天前的一篇報導，ChatGPT在國外職場上已有68%被用於辦公室的職場上，但她（他）的老闆並不知道。我的恩師──台灣科技大學專任特聘教授──

盧希鵬常以阿里巴巴集團創辦人馬雲的名言：「今天很殘酷，明天更殘酷，後天很美好，但大部分人死在明天的晚上。」──這段話闡述了產業競爭的現實，適者生存，但最適者通常由後天來看今天。

　　同樣的，作者在前一篇文章──「ChatGPT──未來並不可怕，不知道未來才應該害怕」，該文中用來鼓勵未來自已的一段話──電影「飄」中女主角郝思嘉最後的那一句話──「明天，又是全新的一天！」。該文刊登至今約略一週（一週七天中有六個明天及五個後天），這幾天中，除了ChatGPT討論熱度變多之外，又引發那些議題？

質變引發量變

　　在產業生態中很常看到商品或服務「質變引發量變」革命的例子，例如工業革命的內燃機革命，由機器取代了人力，智慧手持裝置因為App的加值服務取代了原來的電話及電腦。

　　而ChatGPT的「質變引發量變」現狀，只有Chat聊天這麼單純的一件事嗎？就在過去一週七天的時間

內，作者所在的一個網路群組也掀起了諸多的討論。其中的話題有ChatGPT對職場技能的影響、能不能產生論文（例如信度及效度）及其生成對話真實的參考性等。當然也有人討論其未來性，此時群組中的某位傳播公司專家（京展數位媒體科技有限公司）以作者幾天前的那篇專訪「ChatGPT──未來並不可怕，不知道未來才應該害怕」為例，使用了另一個AI軟體，只用了短暫的五分鐘的時間，竟把那篇文章的文字內容，再進一步自動搭配圖片並自動生成了一部原汁原文的推播影片。

影片放映的當下，剎時群組內連作者本身及大部份的人為之一楞，此時的作者除了一陣驚訝之外，腦中也浮現了教學中以溝通效果為例的一段話「文不如表、表不如圖，而一連串的圖片為影片」，這似乎又是另一種結合ChatGPT而成的FilmGPT的實例（https://youtu.be/nl9Kw3Z0orM）。

@GPT-anyGPT應用的介面——從ESG，ETC到GPT

從FilmGPT回到ChatGPT，不管是那種GPT，作者認為重點在「GPT」-Generative Pre-trained Transformer那三個英文字背後的意義，也就是說前面那個字只是應用的領域，而透過GPT這種技術來達到應用的實現。

由於整體外在環境的變化影響到經濟的個體，例如ESG——環境保護（E，Environmental）、社會責任（S，Social）以及公司治理（G，governance）的永續話題、TCFB氣候相關財務揭露（Task Force on Climate-related Financial Disclosures, TCFD）、SASB——永續會計準則（Sustainability Accounting Standards Board）、PRI責任投資原則（Principles for Responsible Investment）及PRB責任銀行原則（Principles for Responsible Banking）等議題都是國際間關注且正施行中的主題。以國內為例，目前已有大型企業要求其來往的金融機構在期限內需符合ESG的適當評等才可繼續往來。

　　上述的話題就如同現在要上高速公路，沒有裝ETC是上不了路的。那如果有一天，GPT在企業間被程度性的擴大運用，而且互通的程度加強了，此時沒有建置GPT的企業是否在業務往來上就被阻隔了？現在的我不知道，但我知道，很多企業在做數位轉型——Digital「Transformation」，恰巧的是數位轉型的Transformation是否可能運用到或匹配到「GPT」的最後那個英文字——Generative Pre-trained「Transformer」？或許有那麼一種可能性。還記得在電子商務時代的B2B、B2C及C2C的各種型態嗎？或許在GPT的驅動下，另一種作者幾年前註冊的商標@2@（any to any）的商業型態會生成為T2T（Transformer to Transformer）。

圖2：@2@商標

人性、人格與法律

　　當然，科技還是要回到人性，在人文及法律上仍有許多要考慮的地方，就如同法律人所說的「法條上的必要之點」。可以預期的到是，未來的數位發展上與 AI 及資安相關的議題會加速的出現，而在相關的法規上，國際上有 GDPR 及歐盟人工智慧規則草案等。而國內除了基本法的民法第 18 條、227-1 條及刑法的第二十七章外，另有其他特別法如個資法等也逐步的形成立法。或許那天來了個 LawGPT 也不一定，但不可否認的是在 AI 等人工智慧系統的發展上，就如同 AI 演算法中的一個重要的邏輯推論所需的變數（定義）──特徵值（Feature），可期待的是人性、權利及人格等特徵值會被考慮進去。最後，您在閱讀這篇文章時，您知道當下，它也正被產生 FilmGPT（https://youtu.be/5U6bd_W9llo）嗎？「

圖 3：智與小慧討論最近關於 ChatGPT 的話題

第三章

不需知道「為什麼」，但要知道「餵」什麼，談GPT的「兌」與「對」

小智：嘿，小慧，最近關於GPT的討論好像越來越熱門了。

小慧：對啊，GPT似乎開創了人工智慧的新篇章。但你覺得這股熱潮會持續多久呢？

小智：我覺得這跟市場生態和流動性有很大關係。就像比特幣和NFT，它們一開始也是火熱異常，但最終都回歸到了實際的市場價值。

小慧：我同意。我認為一個技術或服務要成為主流，不光是技術本身的先進，還要有合適的市場定位和法幣互換的合法機制。

小智：確實，法幣的管理在這個過程中扮演著重要角色，特別是在法制社會中。

小慧：談到技術，你對 ChatGPT 和即將到來的

AnyGPT有什麼看法？

小智：ChatGPT現在還在風頭上，AnyGPT則是下一步的大事。人工智慧的這波浪潮並不是突然出現的，它是隨著時間和技術演進而來。

小慧：對，從最初的文字和數字資料到現在的多媒體資料，數位內容的進化真的很驚人。

小智：而且隨著物聯網的發展，我們現在可以通過感測器和攝影鏡頭收集更多類型的數據，這些數據成為了AI深度學習的糧食。

小慧：是的，這種大規模和多樣化的數據集給AI提供了極佳的學習機會。但這也帶來了一些挑戰，比如數據擁有權和數據收集的完整性問題。

小智：說到數據擁有權，這確實是個大問題。許多企業擁有豐富的數據但缺乏技術來處理它們，尤其是中小企業。

小慧：對啊，而且很多資訊服務業者擁有技術，卻沒有足夠的數據。這造成了一種磨合期，阻礙了AI技術的進一步應用。

小智：這就是為什麼需要協同作業。大數據公司和物聯網平臺可以協助搜集和儲存數據，學術機構可以提供演算法，而雲計算則提供必要的計算能力。

小慧：沒錯。但我們也要考慮到AI對個人的影響。正如有人說的，積極的人會找到出路，消極的人只會找藉口。

小智：確實。許多現有的職業，如電話銷售、倉庫工人、出納員等，都可能被AI取代。但這也為我們創造了新的機會，比如學習如何有效地利用AI。

小慧：那你覺得如何有效地使用GPT呢？

小智：嗯，我認為關鍵在於我們「餵」給它什麼樣的數據。不正確的問題或關鍵詞會導致GPT給出不切實際的答案。

小慧：確實如此。我們需要瞭解如何正確地提問和提供關鍵資訊，以獲得有用的答案。

小智：對，這就是「人G」模式的美妙之處，人類智慧與GPT技術的結合。我們需要判斷GPT的

回答是否「兌現」了我們的期望，並且在客觀
事實上是否正確。

小慧：這也涉及到我們如何處理 GPT 產生的內容。例
如，當 AI 和人一起創作時，著作權應該如何
界定？

小智：那是個很好的問題。如果 AI 只是輔助創作，
那麼作品可能仍受著作權保護。但如果 AI 獨
立創作，那麼這些作品可能就不在著作權法的
保護範圍內了。

小慧：我們還需要考慮到個人資料保護的問題。畢
竟，使用 AI 時可能會涉及到個人資料的收集
和處理。

小智：絕對。我們需要遵守相關的法律，如個人資料
保護法和 GDPR，來確保資料安全和隱私。

小慧：在技術日新月異的今天，保持知識更新和法律
意識是非常重要的。

小智：沒錯。這就是為什麼我們需要不斷學習和適
應。技術在進步，法律和社會規範也應該相應
地進步。

小慧：這讓我想起了一個觀點：創作者是否會被AI
　　　取代？答案是不會，但會被那些比他們更懂得
　　　如何使用AI的人取代。

小智：確實。這就是為什麼我們需要不斷地提升自己
　　　的技能，學習如何與這些新興技術協作。

小慧：對，像是GPT這樣的技術，它們的成功並不僅
　　　僅取決於技術本身，還取決於人們如何使用它
　　　們。

小智：正是這樣。比如說，使用GPT的時候，我們要
　　　清楚自己想要什麼，這樣才能提出更有效的問
　　　題。

小慧：真的。我們不能只是盲目地依賴技術。我們需
　　　要瞭解它的限制和潛力，這樣才能最大化其效
　　　用。

小智：說到這，我們還要考慮到技術對社會的影響。
　　　比如AI如何改變工作市場，或者它對教育的
　　　影響。

小慧：確實。AI可能會改變很多行業，從製造業到服
　　　務業，甚至是創意產業。

小智：這也意味著我們需要重新思考我們的職業技能
和教育系統。未來，我們可能需要更多關於如
何與AI合作的技能。

小慧：對，這也讓我想到了一個有趣的比喻。就像
學習13乘以14等於182，當有人問你520乘以
1,314等於多少時，你可能會用計算機或電腦
來提高效率。

小智：沒錯。這並不意味著我們放棄了基本技能，而
是我們正在使用工具來擴展我們的能力。

小慧：確實。我們應該看待AI和GPT等技術作為工
具，來幫助我們達到我們的目標，而不是作為
替代我們的手段。

小智：這也意味著我們需要一個更加人性化的技術未
來，一個技術和人性並存的世界。

小慧：正是這樣。我們需要確保技術的發展是以人為
本，保護個人隱私和權利，促進社會福祉。

小智：看來，我們這一代有很多工作要做，不僅僅是
學習技術，還要學習如何讓這些技術為我們的
社會服務。

小慧：沒錯，這是一個既充滿挑戰又充滿機會的時
　　　代。我們不僅要學習新技術，還要學會如何在
　　　這個快速變化的世界中找到自己的位置。

小智：正確。這就是為什麼我們需要一個多元化的學
　　　習途徑，不僅是技術知識，也包括人文、倫理
　　　和法律等方面的知識。

小慧：這也意味著我們需要更多關於 AI 倫理和負責
　　　任使用技術的討論。

小智：確實。我們不能忽視 AI 技術可能帶來的負面
　　　影響，比如就業問題、隱私侵犯和偏見。

小慧：是的，我們需要一個平衡的視角。技術可以帶
　　　來巨大的好處，但也可能帶來風險和挑戰。

小智：這也提醒我們，作為技術的使用者和開發者，
　　　我們有責任確保技術的使用是負責任和道德
　　　的。

小慧：我們也需要更多的公眾參與和教育，以便人們
　　　能夠更好地理解和應對這些新技術。

小智：沒錯。這樣，我們才能建立一個更加智慧、更
　　　加公正和更加可持續的未來。

小慧：我們每個人都有機會成為這個新時代的一部
　　　分，不僅是技術的消費者，也是技術的創造者
　　　和批判者。

小智：這是一個我們都需要擁抱的挑戰。讓我們一起
　　　學習、一起成長，並在這個不斷變化的世界中
　　　找到我們的道路。

小慧：正是這樣。這不僅是一個技術進步的時代，也
　　　是一個人類成長和發展的時代。

小智：那我們就一起朝著更明智、更負責任的未來邁
　　　進吧。

小慧：一起吧！

　　　這樣的對話反映了小智和小慧對於GPT和AI技
術的深入理解，以及它們對個人、社會和法律的影
響。

圖1：小智和小慧在現代科技風格咖啡廳中深入討論GPT及其對
社會影響的場景——「不需知道『為什麼』，但要知道『餵』什
麼，談GPT的『兌』與『對』」

「不需知道『為什麼』，但要知道『餵』什麼，談
GPT 的『兌』與『對』」

本以為 GPT 的熱潮子彈已經飛了一陣子，總該如
前陣子的 NFT——非同質化代幣或 Block Chain 區塊
鏈技術為主所鑄造成的虛擬資產在所謂的商業運用上
會回到一個該有的市場地位，就如同比特幣從六萬美
金的高點滑落及 NFT 交易大幅萎縮，是跌落神壇？
還是正在轉變？在此作者暫不予討論，但作者認為，
一個商品或服務的形成大概要有倆個要件的形成——
（1）、市場的生態形成及適當的流動性，（2）、商品或
服務的價值在被「價格」評價的同時要有與法幣互換
的合法機制，畢竟在法制社會內——法幣的管理是維
護國家安全、社會穩定及個人保護的必要之點。

談技術有點累，但現實上目前 ChatGPT 話題還沒退，且下一步的 AnyGPT 起風中

這一波的人工智慧也不是乍然而生，雖說談技術
有點累，但還是把目前的 GPT 話題熱潮的前世今生略
述一下。在所謂現今的數位現狀，可由內容及型式、

技術及硬體及韌體三方面整理其變化。在數位型式上由最初的以文字及數字內容為主的「資料」、經處理形成有用的「資訊」，若再加上邏輯判斷及規則運用則可形成「知識」以運用於生活或商業上。但傳統的數位內容在透過物聯網（Internet of Things，IoT）感測器、攝影器及其平台搜集、處理等程序後，其眼、耳、鼻、舌、身五官所感知的內容已經可以透過CPU——中央處理器結合GPU——繪圖處理器來產生圖像、聲音、嗅覺、味覺及心意（眼神）等多媒體資料。而這些上千億筆的大量且多樣的資料為近幾年來運算法大幅進步的AI深度學習提供了絕佳的來源，這一波的ChatGPT及下一波的AnyGPT運用或許可以說是「時機到了，東風來了」。

心態上的準備或頹廢？

　　以產業面來說，就如同Ai3人工智能公司董事長——張榮貴先生所說，產業面臨倆大困境——（1）、數據擁有問題：一般業界會遇到是<u>有數據沒技術，有技術沒數據</u>的困境。企業擁有經營數據，但不

容易擁有 AI 技術，尤其以中小企業最為明顯，但擁有技術的資訊服業者，不擁有數據，造成這雙方磨合期長，不易成功。或若產生合作的智慧應用，也不易拓廣到其他企業應用；（2）、數據收集問題，企業在沒有完整數據思維下，可能收集的資料不完整，無法有效建立解決方案，若要補足資料，也是工程浩大，這令企業躊躇不前。

對於以上的困境，作者認為可從協同三力著手：（1）、儲存力：由大數據廠商，例如資料倉儲或資料庫業者結合物聯網及社群通路平台搜集及儲存資料；（2）、演算力：透過產學合作，由學術及學校等研究機構研擬合適的演算法以供業界使用；（3）、運算力：結合本地端伺服器及雲端的計算力以提高運算效率。

對個人的影響呢？積極的人找出口，消極的人找藉口，就如同有專家預測工作性質上能夠被使用數據分析取代或重複性質高的工作內容是可能被 AI 透過相對簡單的運算方式操縱機器人等取代，這其中包括電話服務銷售、客戶銷售、倉庫工人、出納和倉管、

接線生、出納與收銀、速食店員、生產線品檢員、洗碗及快遞等。而下一波包含市場與銷售研究、理賠員、保安、司機、記者、記帳士、專業投資、消金貸款與財務分析師等隨著科技持續發展，被取代的機率十分大。那要如何面對呢？或許如同有個論點可供參考──「創作者會被AI取代嗎？會取代你工作的不是AI，而是比你會用AI的人」。

如何使用GPT？不需知道「為什麼」，但要知道「餵」什麼

如同上述，這一波的AI運用是由GPT的技術所衍生，作者建議一般的人不需太去了解它的原理及「為什麼」，但要注意的是此技術的運用好壞在於使用者的「餵」什麼，因為「餵」錯了問題或是下錯了不合適的關鍵字，GPT所生成的參考性回答可能就不太切題了，所以「餵」對重點又是另一種專業。

「人G」模式——人類智慧與GPT混合模式的「兌」與「對」

針對前文的「餵」什麼及GPT的回答，它的答覆是「兌」或「對」，作者認為GPT的「兌」是該系統的回答是否「兌現」了使用者主觀上的自身領會，著重於個人感知；而GPT回答的「對」與錯著重在客觀上事實，需靠個人學習及累積的智慧。

找到突破點，一翻倆瞪眼：技能靠養成，工具助馳騁

現在有許多人認為GPT是一時的，不會成氣候，但有時我要提醒的是GPT可能如同上高速公路的ETC——商業模式一旦到了突破點，一翻倆瞪眼。同樣的，西方情人節520也快到了。通常520這三個數會搭配另外四個數字1314成為5201314(諧音為我愛妳一生一世)。今天當我們在學習過程中學會了計算13×14＝182基本技能時，當有人問您520×1314等於多少時？使用計算機來提升效率時應該不影響到原本就會的計算基本技能，反而讓我們有更多的時間可

以思考及創造更美好的未來。

善良的未來

　　還記得作者在大學時代，在電腦教室的牆上掛了幾個字「科技始終來自於人性」，同樣的這一波的GPT科技，有那些人性面需考量的：

　　（1）、個人資訊的保護：在使用者使用AI的同時，若有個人資料的被搜集、處理及運用等程序就必需回到適當的保護面向，例如遵守國內的個人資料保護法及歐盟的GDPR等法規，必要時若資料有被駭之考量，除了資安考量的備援措施外，必要的資安保險也可評估。

　　（2）、著作權的保護：國內著作權法第1條明確規定著作權的立法目的是在於「保障著作『人』著作權益」，但AI與人類一起完成的作品，如何認定著作權？目前AI系統例如GPT產生的文案或圖檔是否受到著作權保障在於：到底關鍵字「餵」入後的著作主體是人類還是AI技術呢？目前是分為倆類：（1）、「AI是輔助創作」——在此種情境下，因為有人的參

與，較有可能受到著作權保障及（2）、「AI是獨立創
作」——透過AI系統以自動運算方式所產生且未經過
人投入原創性及創作性，恐怕就不屬於著作權法保護
的著作。以Midjourney AI繪圖為例，當作者輸入「如
何使用GPT？不需知道『為什麼』，但要知道『餵』
什麼」（about ChatGPT, you don't need to know how it
did, but you need to know how to input the keywords）
這麼一段英文字後，產生了以下這一張生成的圖像。

圖2:「如何使用GPT？不需知道『為什麼』，但要知道『餵』什麼」文字生成圖樣

本文純為作者寫成，但別懷疑，下次的ChatGPT可能會把這個文案納入它的文案生成邏輯了，這時身為原生作者的我要如何因應呢？看來，著作權法及相關的國際法是下一步要修習的法律學分了⋯⋯。」

圖3：小智和小慧討論GPT和AI技術的各個方面及不同的背景下進行深入的對話，展現了技術與人性的和諧融合

影片生成範例：以Runway為例
https://runwayml.com/

以Runway為例，其提供可以圖片生成影片，或以圖片配合文字指令使其生成影片。如下圖中的魚在其指令配合下，可使圖中的魚游動起來。另一實例是藝術家的另一作品——巴黎鐵塔上的新年煙火，利用前述作法可使平面的煙火升空並綻放出炫目的火焰。

圖4：藝術家的漁作品

圖5: 藝術家的漁作品生成會游動的漁群

https://youtu.be/DLbjJlGwjgI

圖6：藝術家的作品——巴黎鐵塔上的新年煙火

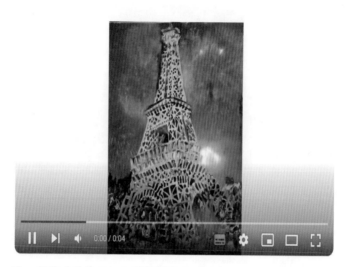

圖7：藝術家的作品──巴黎鐵塔上的新年煙火「升空綻放」

https://youtu.be/C1E60rs8m_g

其他生成影片工具：

Company	Generation Type	Max Length	Extend?	Camera Controls? (zoom, pan)	Motion Control? (amount)	Other Features	Format
Runway	Text-to-video, image-to-video, video-to-video	4 sec	Yes	Yes	Yes	Motion brush, upscale	Website
Pika	Text-to-video, image-to-video	3 sec	Yes	Yes	Yes	Modify region, expand canvas, upscale	Website
Genmo	Text-to-video, image-to-video	6 sec	No	Yes	Yes	FX presets	Website
Kaiber	Text-to-video, image-to-video, video-to-video	16 sec	No	No	No	Sync to music	Website
Stability	Image-to-video	4 sec	No	No	Yes		Local model, SDK
Zeroscope	Text-to-video	3 sec	No	No	No		Local model
ModelScope	Text-to-video	3 sec	No	No	No		Local model
AnimateDiff	Text-to-video, image-to-video, video-to-video	3 sec	No	No	No		Local model
Morph	Text-to-video	3 sec	No	No	No		Discord bot
Hotshot	Text-to-video	2 sec	No	No	No		Website
Moonvalley	Text-to-video, image-to-video	3 sec	No	Yes	No		Discord bot

						FX presets	Discord bot
Deforum	Text-to-video	14 sec	No	Yes	No		Discord bot
Leonardo	Image-to-video	4 sec	No	No	Yes		Website
Assistive	Text-to-video, image-to-video	4 sec	No	No	Yes		Website
Neural Frames	Text-to-video, image-to-video, video-to-video	Unlimited	No	No	No	Sync to music	Website
MagicHour	Text-to-video, image-to-video, video-to-video	Unlimited	No	No	No	Face swap, sync to music	Website
Vispunk	Text-to-video	3 sec	No	Yes	No		Website
Decohere	Text-to-video, image-to-video	4 sec	No	No	Yes		Website
Domo AI	Image-to-video, video-to-video	3 sec	No	No	Yes		Discord bot
FullJourney	Text-to-video, image-to-video, video	8 sec	No	Yes	No	Lipsyncing, face swap	Discord bot

第四章

AI的餵養與餵取，以GPT及NFT的下一T（Trend——趨勢）與人資的連結為例

小智：「小慧，你怎麼看待GPT在人力資源管理中的
　　　應用？」

小慧：「我認為GPT的應用前景非常廣闊。從自動生
　　　成職位描述到處理初級面試問題，它可以大大
　　　提高招聘過程的效率。」

小智：「沒錯，特別是在處理大量求職申請時，GPT
　　　可以幫助篩選出合適的候選人，這對於HR來
　　　說是一大幫助。」

小慧：「而且，GPT在分析候選人的回答時可能更為
　　　客觀，有助於減少招聘過程中的偏見。」

小智：「確實。另外，我還在想，GPT也可以用於員
　　　工培訓和發展。比如，它可以根據個人的學習
　　　風格和進度，提供定制化的學習計劃。」

小慧：「對，這對於提升員工技能和職業發展非常有幫助。但我們也要注意，過度依賴這類技術可能會帶來一些問題，比如員工對人際交流技能的忽視。」

小智：「我同意。技術應該被視為一種工具來輔助人力資源管理，而不是完全取代傳統的方法。我們需要找到一個平衡點。」

小慧：「確實，找到平衡是關鍵。另外，我們也需要考慮GPT在員工性格分析和團隊匹配方面的應用。這可以幫助管理層更好地理解員工，並根據他們的特點進行適當的團隊配置。」

小智：「這是一個好點子。透過數據分析來優化團隊組成，可以提高工作效率和團隊協作。但這也可能引發一些隱私方面的擔憂。」

小慧：「沒錯，隱私和數據保護是我們必須嚴格關注的。此外，我們還需要定期更新和校準GPT模型，以確保其準確性和相關性。」

小智：「這也提醒了我們，即使AI技術如此先進，仍需要人類的監督和介入來確保最佳效果。」

小慧：「確實如此。我還在思考，GPT能否幫助改善
　　　員工的工作生活平衡。例如，透過智能分析，
　　　提供關於工作壓力管理和健康生活方式的建
　　　議。」

小智：「這是個很有創意的想法。它不僅能提高員工
　　　的工作滿意度，還能促進整體的工作效率。」

小慧：「最後，我們還應該考慮如何將GPT與其他技
　　　術結合，例如大數據，來創造更全面的人力資
　　　源管理解決方案。」

小智：「完全同意。這樣的結合不僅能增強GPT的功
　　　能，還能為企業帶來更多創新的應用場景。」

圖1：小智（男）與小慧（女）倆位主角討論著——AI的餵養與餵取，以GPT及NFT的下一T（Trend——趨勢）與人資的連結

「AI的餵養與餵取，以GPT及NFT的下一T（Trend——趨勢）與人資的連結為例」

　　前言：近期的數位科技尤其是AI-GPT（含聊天、對談文案、簡報影片及圖像等應用），例如ChatGPT、Midjourney、Bing、Bard及Co-pilot等平台的推出，在商業市場及落地的應用就興起了不少的討論及話題。就像前幾天Microsoft微軟推出的Co-pilot可以應用AI整合原有Word、Power-point、Excel及Team軟體等所產生的文書、簡報、計算器及視訊會議為文案、分析報告並進而提供建議以供決策所需。當我在教室示範Co-pilot的功能時，眼見下面的學員出現倆種反差極大的表情：此時我請問了一下面有喜色的學員，以三個字用諧音形容一下Co-pilot，他的回答是「酷斃了」；當下我也請另一位面有難色的學員反饋一下，另以三個字用諧音形容一下Co-pilot，他的回答是「哭爸囉（台語發音）」。可以想像的到的是，科技對於樂觀的人看到的是機會來了，可以善加利用，但相對的對於另一種存著防禦心態的人想到的

是威脅來了，被取代性大增。

　　時值三月底了，鳳凰花開，畢業潮的來到，也是各行各業徵求人才的時機，所以對於需才孔急的企業來說，在人口紅利變少及出生率下降的情況下，不管是校園的聯合召募或是單獨的校園徵才，都可看到不少企業使出混身解數的想吸納企業所需的人力資源。在科技的使用效率增加及人力資源供給的數量變少的情況下，此時如何適質適量的選用人才似乎有異於以往的思考方向，在此，我們就以人工智慧AI目前可能的發展及未來可能需求的人才背景——以所謂的「知己知彼」來個初探。

AI人工智慧的功能——知彼

　　AI人工智慧的功能，當然在不同的領域各有不同的發展進度。以最近較熱門的話題為例，或許以網路的熱度而言，目前蹭的火熱的不外是OpenAI所推出的ChatGPT、Bing及Midjourney等的話題熱度較高。AI人工智慧這波的東風是否來了？以功能面而言，風

勢是否夠大可以形成氣候？

　　還記得這段期間，由於作者發表了一些拙作，有些媒體朋友前來訪談聊聊，也就在最近的一次訪談中，因為聊到最近國人紛紛出國賞櫻，所以當下使用ChatGPT以「櫻花」為例，請其產生七言絕句，也就在輸入字句的當下，螢幕乍然而現一首令人讀來剎有感覺的七言絕句「春風櫻花嬌艷綻，滿園桃李競相爭。綿延岸樹芳菲盛，幾許人間見此情。春暖花開心意暢，往事如煙消散空。欲尋桃李花下客，櫻花飄落夢中行。」。

　　上述詞句出現的頓時，記者們除了驚訝之外也興起了把詞句貼上Midjourney生成圖像，同樣的不消幾秒鐘，以下的圖像出現了，如同作者上篇的文章提及，個人的感受沒有「答案的對與錯」，而來自身的「感知兌現與否」。不知讀者您對上例七言句的詞句與下圖的感知是否有被AI「兌現」？但由當天現場我所觀察到的情景是：平常對於文字及圖像有一定要

求水準的記者們的表情，作者可以感受到他們的心中有一種「複雜」心境。

圖2：本圖由Midjourney產生

　　或許，另有人想試一下更深層的內容，例如作者上一篇文章也提及「不需知道為什麼，但要知道餵什麼」，套用這句話，作者實驗了一下：以前陣子非常火熱但趨勢變緩的NFT（Non-fungible token-又稱為非同質化代幣）及目前火熱的ChatGPT為實驗。

　　作者試了一下用ChatGPT——「寫一篇文稿比較ChatGPT與NFT商業模式的異同」。同樣的，不消幾秒鐘的時間，一篇作者認為已經涵括一些因素——例如商業模式及技術應用的可參考性文案也出現眼前。為更深一層的評估其推理力（Reasoning mechanism），作者先以本身所知以商業模式九宮格分析分別畫出ChatGPT與NFT商業模式，再請ChatGPT以商業模式九宮格分析分別畫出ChatGPT與NFT商業模式，如下簡表一至簡表四，您認為哪些是作者產生？哪些是ChatGPT產生？乍看之下，如果不再做深層的評估，似乎參考性還有哪麼一點類似！

KP 關鍵合作夥伴 • 技術開發者 • 資金供給者 （構建人工智能服務，包括醫療保健、金融和零售。）	KA 關鍵活動 • 口碑傳播	VP 價值主張 • 整合資訊、資訊、知識，望智慧式的生成使用者所需的文案、圖像或答覆。	CR 顧客關係 • 使用者的正面回饋及付費。	CS 目標客層 • 一般大眾 • 企業用戶
	KR 關鍵資源 • 符合需要的資訊、知識提供來源。 • 超級算力	CH 通路 • 網路用戶 • 平台業者		

C$ 成本結構 • 軟硬體開發費用 • 測試及維護費	R$ 收益流 • 使用收費 • 廣告收費 • 電信分潤收費

AIGPT 簡表 1

KP 關鍵合作夥伴	KA 關鍵活動	VP 價值主張	CR 顧客關係	CS 目標客層
・語音助手 ・對話機器人 ・智能硬件等合作夥伴	・—	・以高端技術、高品質、高效率為特點的人工智能技術產品和服務。	・—。	・人工智能技術的需求 ・語音助手 ・對話機器人等產品的需求
	KR 關鍵資源 ・自然語言處理 ・對話生成 ・智能應答等 ・多種人工智能技術特性	CH 通路 ・企業客戶 ・開發者		
C$ 成本結構 ・研發成本 ・人工智能算法更新 ・維護成本			R$ 收益流 ・訂閱制 ・授權費用	

AIGPT簡表2

KP 關鍵合作夥伴	KA 關鍵活動	VP 價值主張	CR 顧客關係	CS 目標客層
・數位價值媒介平台（有人稱之數位貨幣） ・數位錢包平台	・參與者的門檻 ・市場規模的成長	・提供數位生態場域。 ・提供參與及表現自我的投資需求（例如肖像頭像權）。	・使用者的正面回饋及付費。 ・數位價值媒介性的接受度。 ・數位價格波動風險承受度。	・數位資產客戶 ・數位場域參與者
	KR 關鍵資源 ・參與者的進入門檻——含專業性及各平台使用介面簡化及使用經驗的正面回饋。 ・市場的形成。 ・平台的互通性。	**CH 通路** ・去中心化網路 ・數位錢包平台 ・NFT平台 ・數位資產與實質資產互通平台。		
C$ 成本結構 ・初期軟硬體開發費用 ・上線後的平台維護費 ・庫存數位資產的價格貶值。			**R$ 收益流** ・上架費 ・手續費 ・交易費（含抽成） ・庫存數位資產的價格升值。	

NFT 商業模式簡表3

KP 關鍵合作夥伴	KA 關鍵活動	VP 價值主張	CR 顧客關係	CS 目標客層
・藝術畫廊 ・拍賣行 ・交易平台等合作夥伴	・區塊鏈技術保障下的數字資產所有權 KR 關鍵資源 ・區塊鏈技術 ・藝術品 ・創作者	・提供區塊鏈技術保障下的數字資產所有權 ・以提供數字資產所有權為特點的藝術品交易平台 CH 通路 ・藝術收藏家 ・投資者 ・創作者	・—	・藝術收藏家 ・投資者對數字資產所有權的需求
CS 成本結構 ・區塊鏈技術開發 ・維護區塊鏈成本 ・藝術品和創作者的開銷			R$ 收益流 ・拍賣、交易平台費用 ・藝術品品銷售抽成	

NFT商業模式簡表4

人的技能與智能——知已

就如同工業革命，機器效率取代了人工勞動體力，電腦革命部份協助了人的作業能力；這一波的人工智慧，又有人擔心要取代了腦力革命。我常引用一個例子，就如同再過一個多月520又快到了，情人們都常以520＋1,314的諧音來代表「我愛妳一生一世」。通常學校會教授學生的計算能力從簡單的加減到較複雜的乘除，而且透過<u>累積且重覆</u>的練習來加強其技能。

但今天我們來做個實驗，當您學會了手算$13 \times 14 = 182$的情況下，我請您計算$520 \times 1,314$時，您會用手算還是拿出手機（簡易的計算機已被手機的功能取代了）來計算$520 \times 1,314 = ?$應該多數人會用手機的功能來計算$520 \times 1,314 = 683,280$來協助人們早已學會的技能吧！

當技能已學會並使用功能工具來增加效率時，其所適用的場域就要取決於個人的智能了——<u>智慧能力</u>。有智慧能力的人可以整合多項技能並視情境或場

域的不同而施以最佳的方案。同樣的，這波的人工智慧即是以人工智慧的Transformer技術以多維的特徵力配合多型態的數位資料（或資訊）加以演算並推導出在最適情況下的最佳組合或方案來回答您的問題，而這種思維模式即是部份仿造人類的神經網路思維模式而生，所以看官們，您知己了嗎？

人類智慧及人工智慧 ── AI餵養長功能 與AI餵取靠技能

假設已經可以知彼及知己到一定程度了，那要如何因應未來的可能性？作者認為如同機器與電腦一樣皆為人類所設計出的工具並以之改善人類的生活。同樣的，人工智慧的產生亦是相同的目的。以人工智慧而言，要如何善用這項工具可從倆方面來思考，亦或可作為人資單位晉用新人或培訓已有同仁的參考。

（一）、AI餵養長智能，餵養的關鍵因子在有效的逐步累積信度

　　如同上述，人工智慧的有效性（效度）在於擷取大量的資訊透過可為相信的方法（信度）整合為知識並進而配合情境產生可為相信（信度）的方案（智慧形成的過程）。所以人工智慧的有效性的關鍵因子在於「餵養」而助其形成智能，也就如同以前資訊科學所說的Garbage in, garbage out——將錯誤的資料輸入電腦，其輸出的結果也必然是錯誤，同樣的原則在人工智慧的領域也是一樣，所以人工智慧所產生智能有效性要靠<u>有智能的人</u>來大量的<u>餵養</u>以維持並增強其智能，而有智能的人才是多面向且要有深度的，所以需培養跨域且經過長時間歷練的人才。

（二）、AI餵取靠技能，餵取的關鍵在專業的養成，求取反應的速度及效度——「靈魂猶在，而非零魂」

　　當人工智慧的東風來了，成了氣候，並協助處理部份人類的工作了，那原有人力的再訓練或下一波人

力需求的規劃在哪？作者以設計工作內容為例，當一本繪本的產生原本需要文思的投入、文稿的撰寫及插畫等三種不同領域的人來產生時，如果繪本作者本身以自己的設計理念來「餵取」AI並進而產生心思所向且不需其他人代工或減少需費力與他人溝通的障礙豈不更有自己原創性的靈魂。

　　另一種是專業的「AI餵取顧問」養成：以理財規劃顧問為例，現在的理財顧問有些是理財顧問的專業搭配理財機器人來形成理財服務。未來的理財顧問當AI理財更具效能後，那原有的理財顧問有更多的時間來培養其它專業技能（例如品酒、收藏、稅務及旅遊等）更能提供投資人多項服務，這種搭配科技所形成的「利人利己」加值，不也是一種科技始終來自人性的理念。

速度有了，溫度及熱度呢？靈魂與零魂，科技與人性

　　前一陣子，BlackPink在高雄創造了9萬人潮，

335

散場時久久不散，直到晚上12點才曲終人散。同樣的，專業接地、落地及服務的心沒有距離。要如何善用人機介面或營造溫情相見，在適當的評估及權衡下，各有自己的思緒及策略。人類善用科技是「靈魂」還是「零魂」？越來越混了……，「混」念成ㄏㄨㄣˋ（注音唸成四聲混）或 ㄏㄨㄣˇ（注音唸成三聲混）？看官們，您自己選。」

圖3：AI的餵養與餵取，GPT在人力資源管理中的應用

第五章
GPT 的生成深層及
其價值背後需思考的另一層

小智：「嘿小慧，你聽說過 GPT-4 的新功能嗎？它的
　　　文字處理能力提升了 8 倍，達到了 2.5 萬字！」

小慧：「真的嗎？這太令人驚訝了！我記得 GPT-3
　　　時代，它就已經能生成相當自然的文本和歌
　　　詞。」

小智：「不僅如此，它現在甚至能夠解釋圖片內容並
　　　回答相關問題。想像一下，這對視覺藝術和設
　　　計行業意味著什麼！」

小慧：「的確，這代表 GPT-4 不僅在文字生成方面強
　　　大，它的視覺識別能力也極為出色。不過，這
　　　也引發了一個問題：這樣的進步是否會對我們
　　　的學習和工作方式產生根本性的影響？」

小智：「確實。比如說，我最近就用 GPT-4 幫助我學
　　　習 C#。我只是給它一些指令，它就能迅速生

成『唐詩三百首』填字遊戲的C#代碼。」

小慧：「這太驚人了！它不僅簡化了程式設計的學習
　　　　過程，還能讓人們通過遊戲更有效地學習傳統
　　　　文學。」

小智：「對，這就是GPT-4的價值所在。它不僅是一
　　　　個工具，更是一個推動教育和創新的動力。」

小慧：「但我們也需要注意，過度依賴這樣的技術可
　　　　能會對我們的思考和創造力造成影響。」

小智：「完全同意。GPT-4的發展無疑令人激動，但
　　　　我們也需要理性地看待它的應用，確保它能
　　　　夠在尊重人類獨特性的同時，促進我們的發
　　　　展。」

小智：「小慧，你有想過深偽技術可能帶來的法律問
　　　　題嗎？像最近的這個案例，一位網紅利用深偽
　　　　技術損害了一位明星的名譽。」

小慧：「是啊，我讀了那個案例。那個明星可以依據
　　　　民法要求侵害除去和損害賠償。但這也展示了
　　　　我們如何需要更深入地了解這些技術和它們的
　　　　潛在影響。」

小智：「對，這種情況下，法律似乎很難跟上技術的發展。ChatGPT能夠提供相關的法律建議，但它也有限制。」

小慧：「確實，AI能提供一些指導，但法律人的判斷和道德考量仍不可或缺。你認為那兩個答案中哪一個是ChatGPT生成的？」

小智：「難說。ChatGPT在法律問題上的回答通常很嚴謹，但它仍然缺乏人類的那種直覺和道德判斷。」

小慧：「這也提醒我們，在擁抱這些先進技術的同時，我們需要意識到它們的局限性和潛在風險。」

小智：「是的，就像ChatGPT可能被用來生成假新聞或欺詐信息。技術本身無善惡，重要的是我們如何使用它。」

小慧：「同意。我們需要負責任地使用這些技術，並思考其對社會結構、資訊安全和環境可持續性的影響。」

小智：「確實。面對GPT浪潮，我們應該正面迎向前

去，但同時也要保持警覺，確保技術的發展是
道德的且可持續的。」

圖1：小智與小慧討論著「GPT的生成、深層及其價值背後需思考
的另一層」。

「GPT的生成、深層及其價值背後需思考的另一層

序曲：據聞隨著GPT 4.0的即將到來及其對外宣稱有強大的識圖能力、文字輸入提升8倍至2.5萬字、回答準確性顯著提高及能夠生成歌詞、文本，增加風格變化等功能。而在邏輯推演上甚至宣稱其功能可以達到律師資格考試奪PR90的優異成績。且其測試功能甚至包含支援圖片輸入，讓GPT-4用文字來解釋圖片內容，給予建議甚至回答問題。

文案的「生成」逐漸廣為人知及運用

ChatGPT約莫自2022年11月推出，上線5天後已有100萬使用者，上線兩個月後已有上億使用者，更令人驚訝的是目前使用者仍持續增加中。以作者實際使用及調查周邊的朋友為例，有不少人為其<u>文本生成</u>的功能為之驚訝，且或多或少都已直接或間接使用於日常生活中。但ChatGPT除了至目前為止，大家已逐漸熟知的文本的<u>「生成」</u>功能外，是否還有其他更為

「深層」的功能？抑或是其功能再持續的加強，那是否有其必要思考其「價值」產生背後的「另一層」議題？

「深層」的邏輯功能——「唐詩三百首」填字遊戲，C#程式秒生成

　　由於作者本身有資訊的背景，程式的撰寫本質上不會有太多的困難。但隨著使用者的介面（UI-user's interface）需要人性化及使用者的經驗（UX-user's experience）需要滿意化的倆大前提下，新一代的應用系統開發平台及程式語言也接續的產生。相對的，應用系統開發人員也會針對市場或公司的所需，持續的學習新的程式開發語言以為職能所需。

　　也就在這個月初，作者在學習另一種程式開發語言——C#的同時，心頭靈機一動，「寓教於樂」可能也是另一種數位時代下的轉型，且由遊戲中學習在實證上有著顯著的正面效果。這不禁讓作者聯想到小時所學的「唐詩三百首」等語詞訓練影響著我們文字程度的一生。就在大家擔心ChatGPT會影響到學生

的文字學習功能時，我們不如「以夷制夷」——善用
ChatGPT來增強傳統文字的學習效率。

　　所以上課的當下，我請ChatGPT以C#程式語言
生成「唐詩三百首」填字遊戲。即刻間，逐行的程式
碼躍出眼前。當下，我瞬即將程式碼貼至C#開發平
台並測試其可用性（如圖2、圖3及圖4）。剎時，與
我同時受訓的同仁，眼神出現不可置信的神色，當下
我知道——哇，有些產業生態或商業模式程度上會受
到影響了。

圖2：「唐詩三百首」填字遊戲範例一

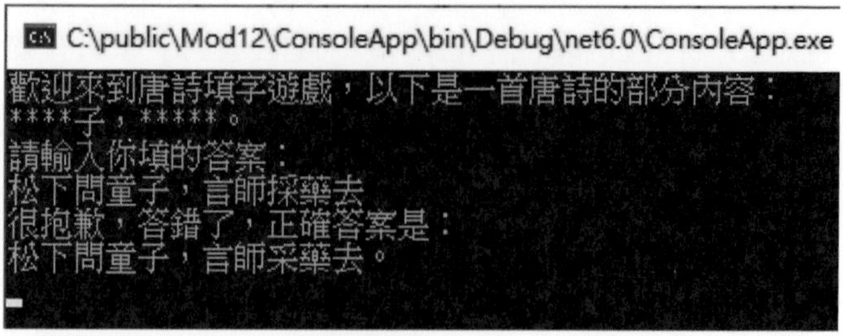

圖3：「唐詩三百首」填字遊戲範例二

圖4：「唐詩三百首」填字遊戲範例三

「深層」的邏輯功能——「深偽（Deepfake）技術犯行，不是法官的看官您如何判斷？

　　另一個例子也是有關邏輯推演的實證，就在作者準備民法下學期的期末考時，在練習答題時—— 以111年特種考試地方政府公務人員試題——「網紅名人甲利用深偽（Deepfake）技術，將知名明星乙的頭像移花接木成色情影片女主角而牟取利益，嚴重貶損乙之形象。乙因此被取消了原有的廣告代言機會。試問：乙該如何主張 以維護其權益」為例。

　　其中一則參考答案為「乙得依民法第18條第1項請求除去侵害，並依民法第184條第1項前段、第195條第1項請 求財產上與非財產上之損害賠償 乙得依民法第18條第1項請求除去侵害 按人格權受侵害時，得請求法院除去其侵害；有受侵害之虞時，

得請求防止之。……。乙得依民法第184條第1項前段、第195條第1項請求財產上與非財產上之損害賠償按故意或過失不法侵害他人權利者，負損害賠償責任，……，故乙得依 本條項規定請求非財產上之損害賠償。」

　　另一則參考答案——「網紅名人甲使用深偽技術製作色情影片並將乙的頭像加入其中，並以此營利，已構成違反著作權法及刑法之行為。乙可以主張以下權益以維護自己的權益：著作權侵害：甲在未經乙同意的情況下，將乙的頭像用於製作色情影片，已構成對乙著作權的侵害。乙可以向法院主張其對影片的著作權，並要求甲停止侵權行為並賠償損害……。名譽權侵害：甲的行為已嚴重貶損乙的名譽，影響乙的形象及商譽，並且已經導致乙被取消原有的廣告代言機會。乙可以主張其名譽權受到侵害，要求甲停止侵權行為並賠償名譽損失。不當得利：甲使用深偽技術將乙的頭像用於色情影片中並以此牟取利益，已經構成侵占乙的形象權和利益的行為。乙可以主張甲已經違反不正競爭法，要求甲停止侵權行為並賠償相應損

害。綜上所述，乙可以根據……，維護自己的權益和合法權益。

　　各位看官，您認為那一則是ChatGPT產生的？乍看之下，倆則擬答似乎在法益及法理上都有點類似，在作者實際詢問許多人後，有選第一則的，也有選第二則的，當然，有學過法律的人都知道民法第一條──：民事，法律所未規定者，依習慣；無習慣者，依法理。所以呢，先不管民事外之法律，大概由答題的內容就可知道那一則是ChatGPT產生的。

　　由以上倆個例子的實證，可以發現ChatGPT除了在文案生成功能上有著部份的被認可外，在更深層的邏輯功能在某些領域及應用也可能逐漸被應用及擴大。

結論：GPT價值背後需思考的另一層

　　目前許多人對GPT的未來發展有著不同觀點及關注度。若以正面看待──如同這句話「面對GPT浪潮，要正面迎向前去，才能乘勢爬得更高，走得更遠。正如海嘯來臨時，岸邊的船最後能存活下來的，

是一開始就加足馬力衝向海嘯前去的,其他躲在港中的船,無一倖免,全被拍翻在岸上」。

隨著ChatGPT的功能變強及可能對未來產生的正面價值影響,然而它的出現也帶來了一些問題和挑戰。例如,由於ChatGPT的生成能力非常強大,它可能會被用於製造假新聞、欺詐行為等不良用途並可能加劇資訊不對稱和社會問題。另一個可能是技術發展也可能對社會結構和平衡產生影響。例如,人工智能技術可能導致部分職業和產業的消失,進一步加劇社會不平等和貧富差距。再則,它的出現也帶來了對個人資訊安全的擔憂。

例如當大量的文本數據被用來訓練ChatGPT,而這些數據可能包含敏感個資,例如個人身份個資、醫療記錄及企業的營業秘密等。如果這些數據被不當使用或洩露,可能會對個人、企業、社會甚至國家帶來嚴重的風險和損失。另一方面,目前的ESG及環保議題,在技術發展的同時也要考慮環境和資源的可持續性。例如,人工智能技術需要大量的計算資源和能源,這可能對環境產生負面影響。因此,技術發展需

要考慮可持續發展的原則，尋找和開發環保和節能的技術和方法。因此，ChatGPT的發展需要與倫理和社會問題相結合，並遵循可持續發展的原則在發展和應用中思考其價值背後的另一層。」

圖5：面對GPT浪潮，我們應該正面迎向前去，但同時也要保持警覺，確保技術的發展是道德的且可持續的。

第六章

生成式 AI 的趨勢——ChatGPT 的
下一踢（T-Trend）

小智：「妳有沒有看到最近英特爾將 AI 整合進 CPU 的
新聞？他們挑戰以 GPU 為主的 AI 晶片市場真
是太有趣了。」

小慧：「對，這是一個有趣的發展。看起來未來 AI 的工作
負載還是會依賴 CPU、GPU 和專門的加速器。」

小智：「沒錯。隨著 ChatGPT 這樣的 AI 模型變得更進
階，我們日常生活和商業模式中的應用正在迅
速擴展。」

小慧：「確實如此，但在像金融這樣的受管制行業
中，還是需要謹慎。在監管原則完全確定之
前，一些機構對採用生成式 AI 持保留態度。」

小智：「這是必要的平衡吧。但這不僅僅是關於規
範。看看 AI 是如何重塑傳統職業的。記得美
容院的 Ivy 嗎？她提到設計師減少了 50%，助

理減少了75%。」

小慧：「我聽說了。許多人選擇了更自主的職業，比
　　　 如送貨服務或電子商務。這是服務業的一個重
　　　 大轉變。」

小智：「還有傳統與創新的融合。就像手沖咖啡對比
　　　 機器人沖的咖啡。不僅僅是味道，而是體驗和
　　　 稀有性決定了它們的價值。」

小慧：「這是一個動態的領域。隨著AI變得越來越普
　　　 及，我們可能會看到更多這樣創新的結合。適
　　　 應並理解傳統價值和AI帶來的新可能性是至
　　　 關重要的。」

小智：「絕對如此。AI的未來不僅僅是關於技術進
　　　 步，還在於我們如何將這些創新融入我們的社
　　　 會和日常生活中。」

小智：「在面對AI的這些變化時，我們該如何適應？
　　　 在那次資安研討會上，提到的二因子理論給了
　　　 我一些啟示。」

小慧：「對，這理論可以幫助我們識別激勵因子和保
　　　 健因子。比如在金融業，了解客戶真正需要什

麼和不想要的事情，可以幫助我們更好地運用
AI。」

小智：「而且我們不應該害怕被轉變，而是應該主動
去改變。資源理論提醒我們，要強調價值性、
不可模仿性、稀少性及不可取代性。」

小慧：「確實。比如銀行業，可以根據生存、生活和
心靈的需求層面，配合AI來創建更強健的策
略。」

小智：「對於創新和法規，我們也不能忽視。歐洲議
會通過的《人工智慧法案》強調了AI的合法
性、倫理性和健全性。」

小慧：「我們需要關注這些法規如何影響AI的發展，
特別是在個資保護、營業秘密、智財權、人格
權和反詐騙方面。」

小智：「確實，法律的角色在這波AI浪潮中至關重
要。我們需要跟上趨勢，確保AI的發展既符
合法規又能適應市場需求。」

小慧：「沒錯。隨著AI不斷進步，我們必須保持靈
活，不斷學習和適應，以確保技術創新與法規
之間的平衡。」

圖 1：小智與小慧討論著生成式 AI 的趨勢——ChatGPT 的下一踢

「生成式AI的趨勢 ── ChatGPT的下一踢
（T-Trend）

前言：就在近年有一次端午佳節又將到來的日子，仍記得往前一年也約當這個時期，作者發表了一篇「疫情下的經濟與心情 ── 另一種『粽藝』風情」，該文中以手機虛擬結合實境的NFT為例，並討論了「場域體驗與數位經濟」。作者後續也發表了另一篇文章「不需知道『為什麼』，但要知道『餵』什麼，談GPT的『兌』與『對』」── 該篇內文中以商業模式的倆個必要形成要件──（1）、市場的生態及流動性，（2）、商品或服務的價值要有與法幣互換的合法機制探討ChatGPT與NFT的場域及未來性。時至今日，以生成式AI為例，它的趨勢 ── ChatGPT的下一踢（T-Trend）會在哪裡？有些機構的預測資料顯示生成式的AI其應用會在2023~2024這倆年形成熱度，並在二至五年後形成實質生產的高原運用期，而在這期間，風向會如何吹？ChatGPT的下一踢（T-Trend）趨勢又會往哪踢？

出擊與防禦：最近的新聞主題 —— 產業出動出擊及情境未明的防禦

自去年ChatGPT等AI的應用被用在生活或某些商業模式後，其形成話題不僅蹭上新聞熱度，在商業上的運用也有著程度上的落地，並且在未來的軟硬體技術佈局上也陸續的浮現檯面——例如前幾日的新聞提及英特爾持續融合AI功能於CPU並試圖在GPU為主流的AI晶片市場裡出奇制勝。該公司並提及未來AI工作負載主要還是會使用CPU、GPU或其他特製加速器來執行AI模型的運算。

同樣的，由於金融行業的特許性，在為保障客戶的權益前提下，當在監理及管理原則尚未完全確定前，有些金融機構也在日前對外宣布目前業務上不允許使用生成式人工智慧。

改變與轉變──生活上的話題──設計師的心聲：原本一同打拼的助理投巾從軍

　　由於作者年前才從原本習慣的家庭理髮轉至連鎖的美容院理髮，因為頭皮下的日常事也是每個月的一件要事，所以當然也要用點心才行。也就在上次到美容院理髮的當下，眼光一掃，突覺得有迴於以往的異樣──設計師及助理變少了。一問之下，設計師Ivy回應了我的問題──設計師缺員50%，更嚴重的是助理缺員75%，所以原先由助理負責的洗頭作業現在大都由設計師兼著服務。也就在我仍心存納悶為何變化如此之大的當下，當場唯二剩下的助理之一來幫我洗頭，她回答下個月她要去從軍──<u>海軍陸戰隊</u>，當時我差一點從準備洗頭的椅背上彈跳起來。令我驚嚇的不是所謂的性平議題，而是這麼一個小女孩選擇了多數男人承擔不起的一個職業──因為許多人選擇了自由度高的外送行業及可自行發揮的網商創業──以人為主服務業傳統的職業風向也跟著變了。

原味與品味：溫心的感受與創新的體驗

　　另一個實例是作者看到出國在外的老師在社群媒體上發表了一段文章及照片，內容是職人的手沖咖啡一杯170元，而另一邊排滿人等待的是由機器人沖泡的咖啡——一杯250元。這時或許有人會納悶不是手沖咖啡會令人更有溫馨的感覺嗎？怎麼會比不具人性的機器人咖啡便宜？

　　但如果我們從創新體驗的角度來思考的話，機器人咖啡的差異性及稀少性的話題，其內容更具有吸引力，而其價值即會是$250-170=80$元。但也如同工業革命般，當人口一旦隨著趨勢變少，具有人工智慧的機器人越來越多之情況下，這情形有可能反轉。

　　順勢與擋住：正的風向要順勢，逆的風向要擋住

　　因應如上的三個實例，在思維上可以如何因應？或許如同作者在某次的資安研討會曾經分享的幾個方向可以參考。

　　（一）、情勢分類與因應：在學術上有個二因子理論——保健因子（如果所求欠缺或不足，將造成不

滿,但有太多也不會更滿意);激勵因子(如果所求
欠缺,不會造成不滿,但如果有被滿足,則會造成更
滿意)。同樣的邏輯,企業或個人可以先盤點哪些是
想做卻很難做到的——找出激勵因子;哪些是不想做
卻常常要做的——找出保健因子,如圖一即是以金融
業為例的一個範例。

圖2: 另一種二因子理論

　　在以類二因子理論盤點需求後,接下來可以用類
似圖二的策略矩陣導入人工智能工具以為因應——結
合本能與技能發揮最大功能。

圖3：結合本能與技能發揮最大功能

（二）、怕被轉變，自己先改變 —— 分析資源：找個幫手更強健

　　在這一波的人工智慧風潮中，與其怕被轉變，不如自己先改變。同樣的在學術上有個「資源理論」——強調價值性、不可模仿性、稀少性及不可取代性。如下表一（以銀行為例），當企業或個人在盤點完需求的三種層面後（生存面、生活面及心靈面——請參考作者所著「企業長青術：魔數1到9」一書），可搭配本身資源的供給性，再搭配AI等人工智慧或其他金融科技面的工具，或可讓本身找個幫手更強健。

表一：怕被轉變，不如自己先改變

怕被轉變，自己先改變，與 GPT 比較檢視

您的資源能力與 AiGPT 比較　　　需求的層次		滿足需求的資源能力				Fintech/AI	
		不可取代性	稀少性	有價值性	不可模仿性	Fintech 與 AiGPT	ChatGPT
需要的生存面-保健因子	存款					✓	
	投信 微信					✓	✓
	其他	✓		✓			
	支付/匯兌					✓	
	...						
需要的生活面-能力因子	理財			✓	✓	✓	
	...						
悟空的心靈面	心靈導師		✓		✓		✓
	生活藝術			✓			✓
	...						
其他							

（三）、創新與法度

最近歐洲議會投票通過了名為《人工智慧法案》的立法草案，這是西方第一部全面的 AI 法規，而內容裡不難看出其對科技創新與公平、正義及人權的見解。而其內容也基於三個關鍵特徵：（1）合法（Lawful）：應遵守所有適用於人工智慧之法規；（2）合乎倫理（Ethical）：確保人工智慧符合倫理原則與價值；（3）健全（Robust）：自技術與社會層面觀之，避免人工智慧於無意間造成傷害。

另外再根據四項倫理原則來制定：（1）尊重人類之自主權（Respect for Human Autonomy）；（2）避免傷害（Prevention of Harm）；（3）公平（Fairness）及

（4）可解釋性（Explicability）。

　　同樣的，國內的各專家學者也感受到這股風潮的似乎不可逆，各類的產、官、學等學術專家及業者參與的研討會活動接連的召開，並聚焦在生成式人工智慧等相關的議題——個資、營業秘密、智財、人格權及反詐騙等。我們也相信法律人的責任，不會被這波浪潮的驚豔所驚嚇，並認為順著AI產業正常發展及落地，只要法規監管從內容著手，就可以隨著浪頭走。」

隨著ChatGPT這樣的AI模型變得更進階，我們日常生活和商業模式中的應用正在迅速擴展。AI不斷進步，我們必須保持靈活，不斷學習和適應，以確保技術創新與法規之間的平衡。

圖4：技術創新與法規之間的平衡

第七章
四點四覺談人工智慧的生成 —— 以芭比的造型與 Body 為例

小智：「小慧，你有沒有注意到最近人工智慧的發展速度驚人？」

小慧：「有啊，從智慧手機助理到自動駕駛汽車，AI似乎無所不在。」

小智：「對，但這也帶來了隱私方面的擔憂。比如，人臉識別技術的普及。」

小慧：「確實，我們上傳的每一張照片，都可能被用來訓練AI識別系統。」

小智：「這不僅是個人隱私的問題，還可能影響到社會層面。」

小慧：「我同意。例如，AI技術如果被不當利用，可能導致監視社會的形成。」

小智：「是的，像最近流行的那些將自己臉孔變成虛擬人物的APP，聽起來很有趣，但也引發了關

於數據安全和隱私的討論。」

小慧：「而且，這些數據一旦被收集，就很難保證它
們不會被用於不良目的。」

小智：「沒錯。我們該如何平衡科技的便利性和隱私
保護的必要性呢？」

小慧：「我認為關鍵在於透明度和用戶的控制權。用
戶應該清楚知道他們的數據被如何使用，並有
能力決定是否參與。」

小智：「這確實很重要。也許未來會有更多關於數據
管理和隱私保護的法律和規範出台。」

小慧：「希望如此。畢竟，技術應該用來提升我們的
生活品質，而不是成為我們擔憂的來源。」

小智：「小慧，你有沒有注意到，人工智慧在娛樂產
業中的應用日益增多？」

小慧：「是的，尤其是在市場趨勢和行銷策略方面，
AI似乎正在改變遊戲規則。」

小智：「但這也帶來了新的焦點，比如，怎樣在保持
創新的同時，還能維護消費者的權益呢？」

小慧：「確實，尤其是在『免費』APP的背後，我們

需要警覺，這些所謂的免費服務可能會以我們的個人資訊為代價。」

小智：「對，這就是社會交換理論的應用。當收益大於風險時，人們傾向於接受這種交換。但這也意味著我們需要對潛在的風險保持警覺。」

小慧：「我覺得，不同國家在應對這種快速發展的技術時，會有不同的法律和規章制度。」

小智：「沒錯，這就是我們需要執覺的地方。例如，一些國家可能採取更嚴格的監管措施來保護個人資料。」

小慧：「對於我們來說，瞭解這些不同的法律和規章是很重要的。這樣我們才能更好地保護自己的權益。」

小智：「最後，我們每個人都需要形成自己對於這些技術的觀點，並對潛在的影響進行判覺。」

小慧：「確實如此。我們需要平衡技術的便利性和對個人隱私的尊重。」

圖1：小智與小慧討論前陣子的熱潮話題——「芭比」

四點四覺談人工智慧的生成 —— 以芭比的造型與 Body 為例

2023 年的「爸比」——父親節剛過，相信國內的「爸比」們都有一個愉悅的父親節，本文來聊一下另一種近期的熱潮話題——「芭比」。

就在近期，有三個與媒題相關的熱門話題：（1）、傳統媒題有關音樂的話題：一位內地的歌者——刀郎，以新發行的一首新歌《羅剎海市》短短 11 天內，在全球的播放量突破 80 億次，引發網路朋友們的共鳴及討論。作者之所以關注這位歌者，是因為我在多場「生成式人工智慧」的演講場合中以刀郎的一首歌「手心裡的溫柔」來描述與其擔心或不知「生成式人工智慧」可能造成的影響，還不如抱持著與這首歌名字相同的心態「把生成式人工智慧抱持在手心，並體會它的溫柔」來做為講題的結論。

（2）、第二個熱門話題：最近由阿湯哥主演的一部火紅電影「不可能的任務：致命清算第一章」，片

中描述了超級 AI 對人類的影響及威脅，也由於片中所描述到一些情景有極大部份描述到人工智慧的作用及未來可能造成的影響，也不免讓人聯想到現實世界中，尤其是近期人工智慧對商業及生活上的影響，這可由去年底 ChatGPT 等生成式人工智慧所帶來的潮流所印證。不可否認的人工智慧帶來了一些正面的功用，但另一方面，就如專家學者所提到的其需被關心的負作用——例如該片中所介紹的人臉辨識技術，當一旦透過「授權」，將自己的人臉上傳後，以劇情中所提到的人臉辨識技術為例，這樣的技術雖有助於運用於各類場景及商業模式，但同時也可能產生許多令人料想不到的嚴重後果，例如自己的人臉關係到個人隱私的議題，倘若被不當的濫用，例如不當的行銷詐騙、社交工程攻擊、跟蹤或監視可能都將會對個人產生程度上的威脅。而這個「人臉」透過「授權」上傳，再配合人工智慧技術應用而生的影響就如同下面所要提到的第三個話題。

（3）、第三個熱門話題：近期的「芭比」——由於一部電影真人版《Barbie 芭比》，除了在票房上技壓

另一部大片「奧本海默」外，另一個形成「網P」（網路APP，我姑且稱之為「網頻」）的熱門大話題，就是與電影幾乎同時上版的一些APP：例如BaiRBIE. me[2] 提供使用者上傳大頭照、填入收件email、選擇膚色、髮色及人種等幾個簡單條件，就可以配合人工智慧軟體產生類似該片中的主角——芭比與肯尼在片中的造型。而另一款barbieselfie.ai[3] 配合使用者上傳的人臉照即可產生「芭比樂園的專屬海報」。這幾款「網P」在短期的下載量及使用量也是頗為驚人，這可由社群平台人有許多人PO出以自己人像所產生的「芭比」、「肯尼」及「芭比樂園的專屬海報」即可知其目前的熱潮。當然在樂趣產生的當下，您是否也意識到是否也有隱私風險的產生，例如有一篇報導對類似上述軟體的使用有提出一些看法[4]。

---

2. https://www.bairbie.me/
3. barbieselfie.ai
4. https://polanddaily24.com/beware-of-barbie-apps-a-warning-from-the-ministry-of-digitization/trivia/27959

Barbie Ai Generator

圖2：Barbie芭比——圖片來源[5]

四點與四覺

　　針對上述的話題，作者就姑且以四點：焦點、疑
點、爭點及觀點搭配四覺：發覺、警覺、執覺與判覺
來討論及解析。

---

5. https://barbieai.online/bairbeme/

一、娛樂生成——焦點與發覺

在商業模式上，對於企業而言，當前的話題與未來趨勢乃是市場行為的觀測與發覺，且為行銷策略行使的關鍵要素。例如行銷組合的4P策略，不管在通路Place、產品Product、價格Price及促銷Promotion的等四要素策略行使，都可能隨著所發覺偵測到的市場變化而需有所調整，例如在資源有限的情況下，如何針對市場上發酵的話題及可能形成的趨勢等「焦點」議題，以差異性、不可取代性、有價值性及不可模仿性等四項資源要素搭配行銷組合來創造或提高價值進而衍生出商業利益。當然基於企業社會責任，企業在謀取利益的同時，也需同時遵守法令及商業倫理規範，並得採行增進公共利益之行為，以善盡其社會責任[6]。

但相對的，對於消費者而言，適當的有著風險意識，對於無良企業或非故意的不當商業行為也需有所

---

6. 公司法：第1條：本法所稱公司，謂以營利為目的，依照本法組織、登記、成立之社團法人。公司經營業務，應遵守法令及商業倫理規範，得採行增進公共利益之行為，以善盡其社會責任。

注意或防範。就如同作者在就讀博士班時，教我財經法律的老師——王志誠博士的提醒：「事出不合理，必定有詐」，這句話也是作者在業界多年念 在 的一句警語。

二、風險避免——疑點與警覺

　　「事出不合理，必定有詐」或者有另一種說法——「天下沒有白吃的午餐」，以上這倆句話或許都出於類似「社會交換理論」。社會交換理論是一個基於社會行為交換過程——交換的目的是利益最大化、成本最小化。交換過程中，人們會權衡其社會關係的潛在利益和風險，當風險大於回報時，他們可能傾向終止或放棄這段關係，這意味著交換關係的收益和成本評估決定了參與方是否選擇繼續社會交往[7]。而現在類似免費APP——我稱之為「網P」等的使用，有點類似網商常用的策略——「羊毛出在狗身上，豬來

---

7. https://www.verywellmind.com/what–is–social–exchange–theory–2795882

買單」[8]。

　　當使用者免費使用「網P」的當下，是否合理性的要有「疑點」並產生「警覺」，因為免費的使用，代價上可能是使用者所提供的個人資料會被目的式的利用──例如照片影像及可資判別為可直接識別的個人資料的電子郵件──email[9]，當有心之人非法想使用上述資料時，他可能利用上述的照片及email來開戶及取得驗證程序。雖說此項行為是個人自由[10]且雙方合意[11]，但廠商在蒐集、處理及利用這些資料時，合法性使用的仍需遵守國家規範[12]。

---

8. https://www.chinatimes.com/newspapers/20171023000013–260202?chdtv
9. 個人資料保護法：第2條，本法用詞，定義如下：一、個人資料：指自然人之姓名、出生年月日、國民身分證統一編號、護照號碼、特徵、指紋、婚姻、家庭、教育、職業、病歷、醫療、基因、性生活、健康檢查、犯罪前科、聯絡方式、財務情況、社會活動及其他得以直接或間接方式識別該個人之資料。
10. 憲法：第22條：凡人民之其他自由及權利，不妨害社會秩序公共利益者，均受憲法之保障。
11. 民法：第153條：當事人互相表示意思一致者，無論其為明示或默示，契約即為成立。當事人對於必要之點，意思一致，而對於非必要之點，未經表示意思者，推定其契約為成立，關於該非必要之點，當事人意思不一致時，法院應依其事件之性質定之。
12. 個人資料保護法：第1條：為規範個人資料之蒐集、處理及利用，以避免人格權受侵害，並促進個人資料之合理利用，特制定本法。

三、場景思考——爭點與執覺

　　承上，一旦科技進展的太快時，對不同地域的國家產生風險與衝擊可能也會有所不同，是故有些法制國家在立法理由及程序上會有不同的考量及思維。就如同人工智慧發展在硬體算力的加速、資料型式的多樣化、GPU的向量運算配合演算法的精進下，這項科技近期的進展太快了，以致於國際間及國內對於人工智慧在不同領域的應用、發展及管理都有著不同的進展。以目前為多數人所關注與人工智慧相關的議題有：產業影響與機會、社會影響與法制、人才培育、偏見避免、保護隱私、智慧財產、營業秘密、人格權侵害、公平交易及以人為本的中心價值等[13]。

　　而面對以上不同的考量，各國對於人工智慧治理作法也有所不同，例如以下幾類：（1）、軟性指導——透過導入聯合國或OECD所提出的AI原則，制訂自己的可信任AI指南，例如歐盟的可信任AI評估清單、臺灣「人工智慧科研發展指引」，均屬此

---

13. 機遇 x 挑戰生成式 AI：產業變革與機會論壇_工研院簡報。

類；（2）、剛性規範——訂定AI剛性法律，歐洲議會於2023/6/14通過「人工智慧法案」，後續仍需密切觀察；（3）、法規實驗——考量對人工智慧監管並進行法規測試，以進一步了解人工智慧的實際影響，例如英國及韓國；（4）、實施禁令——針對特定領域與應用，實施禁令以避免人工智慧帶來過大的負面影響，例如比利時禁止軍隊使用致命性自主武器及中國的禁止使用ChatGPT等合成式人工智慧[14]。

　　而以上的情境，就如同作者現就讀於法研所時，在法理考量時，常會聽到甲說乙說等情況——法學說或稱為「爭點」，這與管理學上的情境理論有點類似，而爭點可以透過推導的過程來形成另一種良性的爭「執」論證——在此，作者稱之為「執覺」，如下表的三維分析：X軸：治理作法、Y軸：議題及Z軸：代表著國際間及國內的作法。

---

14. 機遇x挑戰生成式AI：產業變革與機會論壇_工研院簡報。

X軸：治理作法 Y軸：議題	軟性指導	剛性規範	法規實驗	實施禁令
產業影響與機會	Z軸： 國際間及國內的作法			
社會影響與法制				
人才培育				
偏見避免				
保護隱私				
智慧財產				
營業秘密				
人格權侵害				
公平交易——智慧資本托拉斯				
以人為本的中心價值				

四、法益保護——觀點與「判」覺

　　如同每部電影最後終需有個結局，相信讀者在閱覽至此時，對於人工智慧所可能衍生出的相關議題，在參考了各方的看法及己方的考量時，心中也有了自己的「觀點」，並可能形成了類似法律訴訟程序最後所稱的「判」覺（由判斷形成的潛意識感覺）。

　　同樣的，本文也有著自己的觀點，在考量完以上的議題時，作者的觀點淺述如下：

1. 焦點同意，接軌國際：當考量人工智慧的議題所可能產生的機遇、挑戰或變革與機會時，如同上表，

若國際間與國內有相同的考量點時，可儘快參酌納

入規範以接軌國際並為法益保護。

2. 落地尊重，接地永續：如民法第1條所示：民事，

法律所未規定者，依習慣；無習慣者，依法理[15]，

是若如上表如果國際間與國內有差異的考量點，依

習慣及法理逐步研擬、修訂或新訂可行規範及相關

性法規如下表以作為未來人工智慧的立法對待與調

和。（本文影片檔 https://youtu.be/nDuggT_oZ68）

考量 異同	主要國家人工智慧發展現況歷程與風險	主要國家人工智慧金融監管狀況與法規	比較外國生成式人工智慧發展對我國之啟示
相同點	焦點同意，接軌國際		
差異點	落地尊重，接地永續		

---

15. 民法：第1條：民事，法律所未規定者，依習慣；無習慣者，依法理。

不同國家在應對這種快速發展的技術時，會有不同的法律和規章制度以平衡技術的便利性和對個人隱私的尊重。

圖3：法律和規章制度以平衡技術的便利性和對個人隱私的尊重

第八章
人工智慧這一波與其IPO（引爆）

小智：猶記得去年這個時候，ChatGPT剛上線時那股
　　　熱潮。只用了五天就達到了100萬用戶，兩個
　　　月後更是突破了億級用戶。

小慧：對，但今年的情況似乎有所變化。我看到一篇
　　　報導，說全球訪問量下降了9.7%，使用者在
　　　ChatGPT上的時間也減少了8.5%。

小智：的確，Gartner的報告也指出，生成式AI從去
　　　年的創新觸發期，已經進入了過高期望的峰值
　　　期。但達到生產力高原期的預期時間，從2-5
　　　年延長到了5-10年。

小慧：是啊，有趣的是，有專家也提到生成式AI的
　　　風潮可能很快就會過去，除非能引發網路效
　　　應。

小智：看來這個趨勢正在發生。最近的新聞和商業雜
　　　誌中都在討論AI在PC市場的競爭，以及短影

音如何顛覆商業規則。

小慧：對於金融市場而言，AI尤其是生成式AI的應用，正在為一些公司帶來IPO的機會。

小智：沒錯。比如輝達公司，它的股價今年大幅上升，吸引了許多投資者的關注。

小慧：這也顯示了資訊科技產業，包括與AI相關的上市公司，都從這波趨勢中受益。

小智：對於資訊應用來說，IPO（Input-Process-Output Model，輸入—處理—輸出模型）模型在AI時代變得更為重要。現在的數據處理不僅僅是文字和數字，還包括圖像、聲音、甚至影片。

小慧：確實。AI的運算能力和邏輯的升級，使得它能夠處理更複雜的數據，並進行更精確的預測和判斷。

小智：這也正是ChatGPT和Midjourney等工具的吸引力所在，它們解決了許多生活和工作中的問題。

小慧：看來，AI的發展和應用，尤其是在法律方面，也需要進行深入的研究和調整。

小智：沒錯，這就像漢摩拉比法典那樣，需要不斷地隨著社會變化而進化。AI的發展必須考慮到法律的普遍性、確實性、適應性等因素。

小慧：正確。畢竟，人工智慧的跨領域特性，尤其是在資料來源和產生階段，需要更周全的法律考量和規範。

小智：是的，我們看到不同國家在立法進度、重點和考量點上有所差異。比如歐盟、美國和我們國內的監管態度和作法都有所不同。

小慧：確實，每個國家都在努力找到管理AI技術的最佳方式，特別是在控制一些可能引發擔憂的規則方面。

小智：最終，我們要考慮的是如何平衡創新和規範，確保AI技術的健康發展，同時保護個人權益和公共利益。

小慧：我同意。從金融市場的IPO到資訊技術的IPO-Input-Process-Output Model，輸入─處理─輸出模型，再到法律領域的調整，這一切都顯示了AI的多面性和它在我們社會中的深遠影響。

小智：正如你所說，我們需要有遠見，看到機遇並
　　　克服挑戰。就像網際網路在 1998 年的發展一
　　　樣，經歷過泡沫期後，現在已經成為我們日常
　　　生活中不可或缺的一部分。

小慧：是的，這就是我們討論 AI 和 IPO（Input-Process-Output Model，輸入─處理─輸出模型）
　　　時應該考慮的。不僅是技術的進步，還有它對
　　　社會、經濟和法律的全面影響。

小智：正確。AI 將持續影響我們的未來，我們需要不
　　　斷學習和適應，以充分利用它的潛力，同時有
　　　效管理其挑戰。

小慧：這對我們所有人來說都是一個長期的學習過
　　　程，但我們有機會創造一個更好、更智慧的未
　　　來。

圖1：小智和小慧這兩位角色深入討論人工智慧及其對IPO影響的場景。

人工智慧這一波與其IPO

前言：猶記得2023年生成式人工智慧的ChatGPT
上線5天有100萬使用者，上線兩個月後已有上億使
用者，時至今年也約莫一年了，現況是如何？未來又
是怎麼樣的一個前景？

在年中的時候，有媒體報導指出在全球掀起人工
智慧（AI）熱潮的ChatGPT，今年6月全球的訪問量
下降9.7%，使用者在ChatGPT網站上花費的時間也
下降了8.5%。由Gartner 2022及2023倆年的技術成
熟度曲線來做個比較，也發現雖然生成式人工智慧已
由2022年的科技誕生的促動期（Innovation Trigger）
來到第二階段的過高期望的峰值期（Peak of Inflated
Expectations），但另一方預期其達到實質生產的高原
期（Plateau of Productivity）的期間卻由原2~5年的時
間延長至5~10年。

相對的，也有另一種視角的觀點，譬如，我的恩
師──台科大專任特聘教授盧希鵬博士約莫在這個星
期的專欄中提及「有人預測生成式AI的風潮很快會

過去，除非能夠引爆網路效應。」，而這倆日在新聞媒體及商業周刊中也看到「AI PC戰國風雲群雄爭霸」及「60秒的威力——短影音顛覆商業規則」這樣的標題。以上的訊息是否意識著人工智慧的引爆網路效應在以現在進行式的方式進行中？本篇就以「引爆」（Ing-PO, 簡稱為另一種IPO）來討論其內容。

一、金融市場的IPO，掌握資金的契機——隨著人工智慧議題，尤其是生成式人工智慧從去年底在一些場域的應用及其帶動的一些議題及浪潮，已經使產業、學界乃至於政府機構逐漸審視這個科技所帶來的可能影響。以金融業為例，這陣子話題火紅的公司大概以輝達為主，其股價今年上噴的線型羨煞及吸引了眾多的投資大眾，而其可能帶動的資訊科技產業，無論是上下游或其週邊產業，凡與人工智慧相關的上市櫃公司大概有許多都隨之沾光。相對的對一些已公開發行的公司，或許也可藉著這一波風潮搭上IPO（Initial Public Offering）——首次公開募股來第一次將股份向公眾出售，以籌措更多的資金以擴大增強其經營資本，所以說這是金融市場可能發生的資金潮或投

資引爆。

二、資訊應用的IPO，洞察質變後的先機——
有資訊背景的朋友，大概也都對IPO這三個字母不
陌生，其所代表的含意為IPO模型（Input-Process-
Output Model，輸入——處理——輸出模型），它是
一種資訊系統設計的思維。簡言之，IPO模型將資訊
應用及設計的運作分成三個相關的階段：資料輸入
（Input）、資料處理（Process）與資料輸出（Output）。

傳統資訊處理只單純的處理數字及文字倆種類型
的資料，但隨著載具、偵測器、運算方式、機器運算
力及場域的多元後，其應用層次已由傳統的「資料處
理」升級為「數位應用」。

資料處理及數位應用的差異點在於（1）、資料型
式的多元化——輸出入資料型態已由文字及數字倆類
資料型態增加為圖像、聲音、繪本、樂曲及影片等各
項多樣化的產出；（2）、運算力及邏輯的升級：這包
含了機器本身的核心硬體等及演算邏輯的增強，例如
透過人工智慧的機器學習及深度學習等功能提供了廻
異於以前的只能以單純的數字或文字來做判斷及預

測，現在的人工智慧透過其演算邏輯可以判斷圖型及
文字的前後關係進而提供可接受的預測及判斷以輔助
決策。

　　這一波生成式人工智慧的熱度不正是ChatGPT的
文案生成、Midjourney的圖像生成及其他各項似乎可
解決生活上或工作上的一些痛點（例如：想做卻做不
到；不想做卻常要做的）所帶動的話題嗎？也就是其
方便簡單帶動了質變，而其質變的程度帶動了大量風
潮所引發的「一時量變」，接下來，就端視其是否可
配合場域或商業模式的應用來創造其未來性。就如同
網際網路在1998年開始，中間經過泡沫期，但時至
今日已融入您我每天的生活裡，所以看到先機的人要
能渡過危機，以造商機。

　　三、AI的立法對待與調和，以IPO觀點切入的心
機與分析——身為初踏法學領域的法研所新人，作者
最近在德國柏林的佩加蒙博物館，也近身觀察著名的
漢摩拉比法典——世界上最早的一部法典。據說該法
典的基本原則就是「以眼還眼、以牙還牙」。但在文
明的現今世界裡，較有法制的國家，其法律關係的考

量點乃在於個人價值的實現及公共秩序的維護。

所以，由於人工智慧這一波所造成的風潮極大，也因其未來的發展的應用領域可能相當廣泛，但不可諱言，其生成的結果及後果也程度上存在可能的法律議題，例如在平等、侵權、隱私權等法律關係的議題上，需有哪些新的立法對待或在現行法令上需做哪些調和應對？

法學的研究在方法上可能用到文獻探討法、比較法及綜合歸納分析法等。同樣的在研究人工智慧的立法對待與調和時，會有那些相關議題要考量？切入點、觀點及爭點為何？筆者在整理了一些相關文獻及應用管理學的情境理論等方法後，以IPO的方法當切入點，在考量下列因素並以表格的方式整理後，淺見呈現簡例如表一：

1. 人工智慧同為資訊及數位領域的延伸，是故在其生成或結果產生階段仍可以IPO模型（Input-Process-Output Model，輸入——處理——輸出模型）作為考量階段。

2. 法律之特性分別有，普遍性、確實性、妥當性、持續性、領導性、適應性及強制性等。人工智慧的應用及生成不同的階段應評估是否符合法律的特性，尤其是在適應性上，因為有法律斯有社會，法律是針對著社會而存在，所以一切的法律，必隨著社會生活的內容變化而有不同。而經由文獻整理，發覺有一些普遍性的議題。

3. 人工智慧的跨領域：人工智慧不僅在階段上可由IPO模型（Input-Process-Output Model，輸入——處理——輸出模型）來考慮，其在資料的運用上也大都跨領域，如同法律所稱之複合關係，例如人工智慧的資料來源及產生可能與個人資料及大數據相關，而這些資料又分別有其管理之法令等，故在評估上可一起納入考量。

4. 各國立法的進度、重點及考量點：此方面心思的運用（心機），可整理分析在人工智慧的快速發展現況下，許多國家就如何管理該技術的法律努力進度為何？是故在研究上，可從主要國家如歐盟、美國及國內等的監管態度、作法及如何考慮並制定管理

AI 和控制一些更令人擔憂的規則及目前進度來著手。

四、結論：隨著人工智慧的快速進展及其可能造成的影響，本文以「引爆」的諧音（Ing Po）──IPO 配以大家在不同領域所熟知的 IPO 三個字母來撰述。例如人工智慧對金融市場可能發生的投資引爆點的 IPO，可望掌握資金的契機。另在數位或資訊領域內藉由人工智慧的協助及其技術門檻降低，保有創作者的靈魂以 AI 來代工，也可跨域新創，看到先機的人可以渡過危機，以造商機。最後，作者耍一點心機，或許是小小的心得套用一點管理學上的方法希能對在法學的學習路上有個切入的方法及脈絡。

表一：人工智慧法律爭點的IPO方法舉例

法律的特性：普遍性、確實性、非實性、安全性、持續性、適應性、適應性及強制性

議題			Input 輸入					Process 處理				Output 產出						
			真實正確性	隱私	合法性	告知與同意	合理性	正確及可解釋性	開放透明性	公平性	認證	可問責性	人格權	偏見及歧視	可以人為介入	合理利用	可反駁性	正確性及可驗證性
AI	歐盟	人工智慧法案-AIA																
	美國	制定行政命令																
個資	歐盟	人工智慧法案-AIA																
		一般資料保護規則-GDPR																
		歐盟第29條資料保護工作小組「Art. 29 WP」																
	美國	隱私權法案（US Privacy Act of 1974）																
	國內	個資法																
		金融科技發展與創新實驗條例																
大數據	美國	公平合理信用報告法																

從金融市場的 IPO 到資訊技術的 IPO-Input-Process-Output Model，輸入——處理——輸出模型，再到法律領域的調整，這一切都顯示了AI的多面性和它在我們社會中的深遠影響。

圖2：金融市場的IPO到資訊技術的IPO

第九章
人工智慧與法律

　　本章主要簡介最近出版的倆本與人工智慧相關的法律書籍及一本法學期刊以供參考：AI來了LAW變了、人工智慧與法律挑戰及法學期刊──當代法律第18期的專文探討。

第一節：場景

　　小智與小慧在一場數據治理、人工智慧與資安的研討會上，這時台上講師的投影片出現了一張「數據民主化及數據安全」的字眼。此時小慧納悶的問道，這幾個字的含意為何？

　　此時，小智臉上帶著若有所思的表情後回答「或許是與法律有關──數據民主是產生者的自由『權利』，而數據安全是使用者應盡的保護『義務』」。小慧聽後接著也說道，「看起來，隨著數位科技的進

步，有許多跟人們相關的法律議題也接著洐生出來」。

小智：沒錯，而且科技的浪潮這一波，自2022年底
　　　的生成式人工智慧問市後，因為其強大的生成
　　　能力，在文案、圖像及其他等應用已經著實令
　　　人震撼。所以在生成過程中資料的擷取，邏輯
　　　運算及產出等都或多或少與智財權、肖像人格
　　　權、個人資料保護、營業秘密、偏見及不實結
　　　果帶風向等議題有關。

小慧：那我們要從哪裡來開始了解人工智慧與法律相
　　　關的議題呢？

小智：其實人工智慧的法律議題從歐盟、美國等其他
　　　國家已經開始了，例如歐盟的人工智慧草案已
　　　經進展到一定程度了，而國內也逐漸加速中。
　　　幸好，國內的學術界不管是科普的方向還是專
　　　業的法學領域也加速的針對該項議題已經陸續
　　　有一些產出供參考。例如科普的書籍——AI來
　　　了LAW變了，法學大師的合著——人工智慧
　　　與法律挑戰及法學期刊——當代法律第18期
　　　的專文探討，以上都是可以參考的工具書及學

術資料。

小慧：太好了，看來科技與法律的關係，雖然可能是
　　　「法海無邊，但也不是茫然不知所向」。

圖2：人工智慧的挑戰、因應與法律

https://youtu.be/wyIgI1Yad7k

圖1：小智與小慧在一場數據治理、人工智慧與資安的研討會上，討論著與法律相關的議題。

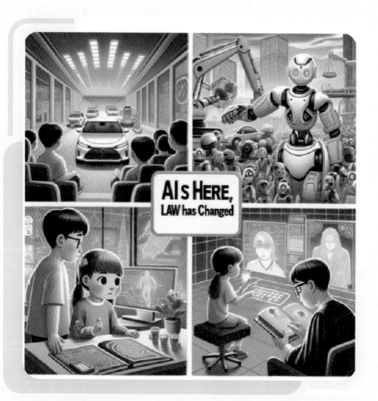

圖3：人工智慧科普

第二節：AI 來了 LAW 變了

《AI 來了 LAW 變了》是國內首部介紹 AI 法律科普的書籍。隨著 AI 技術的進步和普及，涉及 AI 的法律問題也逐漸成為熱點話題，這本書的出版在這方面具有重要的意義。

書中首先探討 AI 技術的發展，從最初的實驗室構想到進入實際應用階段，涉及智慧交通、醫療、製造業等多個領域。例如，自駕車技術的應用正在改變日常交通和運輸產業；AI 在臨床診療中的應用，幫助醫護人員提高工作效率；以及 AI 在製造業中的應用，提升生產效率和數據安全。

然而，AI 的進步也帶來了新的挑戰和問題。例如，自駕車事故的責任歸屬、對現有道路和交通法規的適應、以及 AI 對就業市場的影響等。書中強調，解決這些問題需要建立合適的 AI 法律制度。

書籍的目錄涵蓋了廣泛的主題，包括 AI 的基本概念、AI 對社會的影響、以及 AI 在不同領域（如交通、醫療、金融、數據、智財、產業、司法等）中的

應用。每一章節都透過具體的問題探討了 AI 技術與法律之間的關係，以及未來法律如何適應 AI 時代的挑戰和機遇，而且這些問題的妥善解決，可能最終必須回到法律制度，例如一般法的民刑法及其他特別法。。書中的文章先以案例介紹，再透解析及結論的方式編寫。

目錄整理及介紹如下：

第一部份−基本篇及現況

1. AI 是什麼

　　1-1 Google 語音辨識是不是 AI？探討 Google 語音辨識技術是否屬於人工智慧的範疇。

　　1-2 AI 的前世今生？回顧 AI 的發展歷程和演進。

　　1-3 哆啦 A 夢是人嗎？討論 AI 與人類法律層面、道德、倫理與人權等議題。

2. AI 如何影響社會

　　2-1 AI 讓一切變得美好？分析 AI 如何在各領域帶來改變。

　　2-2 ChatGPT 是完美的萬能小幫手？評估 ChatGPT

等AI工具的能力和衍生議題。

2-3公共化AI？探討公共化AI可能性、必要性及架構。

2-4是安全還是危險？討論AI治理及使用者責任。

第二部份–產業篇

3. AI與交通篇

3-1AI帶來幸福未來？探究AI的智慧應用。

3-2自駕車事故誰負責？分析自駕車事故中的法律責任問題。

3-3自駕車能上路嗎？討論自駕車與行政規的因應。

4. AI與醫療篇

4-1可以在LINE上看醫生嗎？探討通過即時通訊軟體進行遠程醫療的可能議題。

4-2罕見疾病？少數族群？討論AI在罕見疾病診斷和藥物研發。

4-3我的病歷不是我的病歷？探究科技在創新個

人醫療數據的隱私問題取得平衡。

4-4急診室病人全部都可以「馬上看診」嗎？分析AI在緊急醫療情境中的應用、法律爭議及責任。

4-5AI錯了，病人死了，怎麼辦？探討AI在醫療錯誤中的責任歸屬問題。

5. AI與金融篇

5-1AI造成損失誰來賠？討論AI在金融領域——機器人理財造成的損失與責任問題。

5-2AI可以當投資老師嗎？探究AI在機器人理財消費者保護。

5-3可以不帶錢包出門嗎？分析數位貨幣的議題。

5-4華爾街不見了，怎麼辦？探討去中心化金融的影響。

第三部份–資訊安全與法律

6. AI與數據篇

6-1智慧型手錶把我的資料，傳去哪裡了？探討智能裝置與個人資料保護。

6-2雲端上的資料會被竊取嗎？討論雲端儲存中

的數據安全及可能風險。

6-3如何在AI的時代成為自己個人資料的主人？探討個人如何控制和保護自己的個人資料及隱私。

7. AI與智財篇

7-1Amper機器人的作曲，是誰的？討論AI創作音樂的著作權問題。

7-2AI發明在美國如何獲得專利保護？探究AI發明在美國的專利保護。

7-3AI發明家能否申請專利？討論AI作為發明人的問題。

8. AI與產業篇

8-1公司由誰來決策？探討AI的引入在企業決策過程中的角色及法律議題。

8-2AI會搶走我的工作嗎？分析AI對就業市場及勞動法令的影響。

8-3AI讓大海變聰明了？討論AI在海洋環境的發展和管理中的應用。

8-4沒有人的工廠，是什麼樣子呢？探究低程度的人格性、合法合規的數據及全自動化工廠的法律議

題。

9. AI與司法篇

　　9-1 處罰AI會痛嗎？探討AI作為非人主體可能發展中的法律題目。

　　9-2 判刑多重，問AI？討論AI在刑事司法系統中量刑的應用。

　　9-3 AI幫忙抓小偷？分析AI在犯罪偵查和預防的作用。

　　9-4 AI可以當法官或律師嗎？探究AI在法官與律師的的可能協助角色。

Introduction to LawTech A practical guide to legal technology.

圖4：補充影片：Introduction to Law Tech- A practical guide to legal technology

https://youtu.be/v2bwnaZVWdo

9-5以AI擊敗AI犯罪？討論使用AI的司法倫理。

9-6是誰偷偷在砍樹？探討AI在環境保護和違法行為監控中的應用。

10.AI法律的未來

10-1人工智慧發展基本法，探討制定專門的AI法律，協助數位轉型、AI的開發原則與倫理。

10-2配合AI發展，修法是趨勢？討論隨著AI技術進步，盤點國內近期的科技立法——金融科技發展與創新實驗條例、無人載具科技創新實驗條例、金融科技發展與創新實驗條例、個人資料保護及資通安全法等。

結合監理沙盒及人工智慧以建置臺灣無人載具產業發展環境 1080p 220403

圖5：補充影片：結合監理沙盒及人工智慧以建置臺灣無人載具
產業發展環境 https://youtu.be/NI2xs_6KQUs

圖6: 補充影片: 刑法初探

https://youtu.be/IyISabrTcw8

第三節:人工智慧與法律挑戰與當代法律第18期

　　「人工智慧與法律挑戰」這本書主要蒐集了2019年底在臺北與高雄舉辦的國際學術研討會文章,聚焦於人工智慧(AI)的法律問題及其對社會的影響。書中探討的主題包括AI倫理規範的國際趨勢、AI的人格能力、自動駕駛車輛和機器人技術等,涵蓋了AI

與人類學、民刑法、智慧金融及區塊鏈等多元議題。

書中文章詳細討論了AI在法律層面上的各種挑戰和發展，如AI法律的發展脈動、法制改革的建議，以及AI在金融領域的應用，包括金融監理和去中心化金融等。尤其是對於AI刑事法問題的探討，包括自主型AI事故的刑法評價和AI對刑事司法公平性的影響等，都是該書的重點。

此外，書中也探討了AI電子人格的問題，從德國和日本的視角出發，提供了深入的分析。整體而言，本書提供了豐富多元的臺灣AI法律學者與實務家的觀點，涉及職場上AI的應用和挑戰，以及AI在電子人格問題上的討論。

書中的中文文章目錄反映了這些主題的廣泛性和深度，涵蓋從AI倫理和法律問題到其在特定領域如金融、交通和刑事司法系統中的應用。通過這些文章，讀者可以深入了解AI技術如何在不同領域中發揮作用，以及伴隨這些變化所帶來的法律和倫理挑戰。

該書主要的中文文章目錄如下：

第一部份–倫理篇

1. 數位化及虛擬化的挑戰——《歐盟可信賴人工智慧倫理準則》

2. AI倫理準則及其對台灣法制的影響

3. 機器學習的透明與自主性探勘

第二部份–人格篇

4. 從AI技術看智慧型機器人的電子人格

5. 人工智慧享受電子人格的正當性

6. 關於AI的人格

第三部份–個資篇

7. AI發展下個人資料保護面臨之新挑戰

8. AI與個人資料保護法規之探討

第四部份–自駕車篇

9. 自動駕駛車輛交通違規之行政處罰

10. 國家應用人工智慧警務科技的危險責任問題

11. 自駕車的技術發展與台灣經驗

「人工智慧與法律挑戰」這本書主要蒐集了2019年底在臺北與高雄舉辦的國際學術研討會文章，聚焦於人工智慧（AI）的法律問題及其對社會的影響。

圖7：人工智慧與法律

當代法律第18期

　　隨著OpenAI推出的ChatGPT的出現，近期由多方資訊也呈現了人工智慧如何深入滲透各行各業，從根本上轉變其運作方式和外觀。這種轉變也觸及了法律領域。ChatGPT展現出在進行法律研究和分析方面的強大潛力，有助於減少常規業務中的人為錯誤，同時提供強大的支援。這種生成式人工智慧對法律理論和實踐操作將產生深遠的影響。當代法律第18期相關的討論內容如下：

第一部份–司法篇

1. 當ChatGPT來敲法官的門—淺談AI應用於司法審判的原則與方式／王道維、邱筱涵、ChatGPT

第二部份–智財篇

2. ChatGPT的智慧財產權思考／章忠信

第三部份－產業衝擊與因應篇

3. ChatGPT 對法律及產業的衝擊與因應／王偉霖、張
   家齊

4. ChatGPT 對法律及產業的衝擊與因應／顧振豪

5. ChatGPT 浪潮下，企業如何因應／林彥良、白哲豪

6. 內容提供產業及創作人如何看待 AI—從巨觀到微觀
   ／林發立

第四部份－法律篇

7. 淺談 ChapGPT 的風險與法律問題／朱宸佐

8. 真 · 工具人的誕生—淺談人工智慧與行政裁罰／
   林伊柔

9. 組織法人使用人工智慧的限制與法律問題／唐采
   蘋、尤謙、曾大川

第五部份－金融篇

10. ChatGPT 問世五年內 金融服務業的 AI 戰略／劉奕
    成、葉柏廷

圖8：人工智慧與法律

　　當代法律第18期：ChatGPT的出現，多方資訊呈現了人工智慧如何深入滲透各行各業可能的轉變，這種轉變也觸及了法律領域。

　　而在探討主要國家及國內對人工智慧法律的進展，2023年對於人工智慧（AI）的全球發展趨勢，特別是法律與政策方面有些顯著的進展。歐盟通過人工智慧法案（AI Act），強調資安風險管理和人權保護，標誌著AI發展的重要里程碑。美國則透過建立AI標準和培育政策，逐步加強AI安全措施。此外，歐洲經濟共同體自1985年起採用的產品責任指令（PLD），以及針對這一指令的修正提案，這些都是在數位時代下重審產品責任的重要步驟。而美國方面，拜登政府在建構AI標準及AI培育等政策，除逐步建立AI資安等配套措施，也帶動各州從隱私權及消費等不同面向，陸續提出與人工智慧相關的有關立法。

　　歐洲聯盟在推進人工智慧（AI）的法律框架上取得了重大進展。2020年2月，歐盟執委會發布了關

於AI的白皮書，隨後在10月，歐洲議會依據歐盟運作條約的第225條，通過了一項旨在要求執委會制定相關立法草案的人工智慧民事責任立法倡議。接著，在2021年4月，執委會提出了人工智慧法案（AI Act, AIA），並於隔年12月獲得歐盟理事會的共同立場認可，旨在規範AI的使用者必須尊重基本權利，並以更安全、合法的方式運用AI技術。

在美國方面正加快建構人工智慧法規及標準配套措施，在歐巴馬政府時期，美國開始重視人工智慧（AI）的發展，並發布了兩份關於AI的報告，主要探討AI對美國勞動市場的潛在影響。隨後，川普政府在2019年2月實施了名為「保持美國在人工智慧領域的領導地位」（Maintaining American Leadership in Artificial Intelligence）的行政命令，此舉旨在增強美國政府在AI領域的競爭力。為此，制定了五大支柱策略，包括投資、資料共享、標準與監管、人才培養和國際合作。

為加速AI應用的推廣和整合，美國國會在

2021年8月通過了「人工智慧訓練法（Artificial Intelligence Training for the Acquisition Workforce Act or the AI Training Act）」。該法案指示白宮管理與預算辦公室（OMB）制定或提出AI培訓計劃，目的是培訓負責採購的執行機構人員（例如項目管理或後勤人員，但不包括國家安全部門）。該計劃必須保證員工對AI的相關能力和風險有充分了解。此外，OMB需要至少每兩年更新一次該計劃，確保有方法去了解和評估勞動力的參與情況，並根據參與者的反饋提出政策建議。

在2022年2月，美國國家標準與技術研究院（NIST）發布了一套針對工業人工智慧的管理與量測（Industrial Artificial Intelligence Management and Metrology, IAIMM）工具。這套工具旨在透過模擬和監控AI製程，分析人工與機器生成的資料，從而實現對AI的10項潛在風險進行控制。隨後在2022年10月，美國白宮科技政策辦公室（OSTP）發布了AI權利法案的藍圖（目前尚未具有法律約束力），這一舉

措促使多家科技公司簽署了一項自願遵守的協議，以進一步加強對 AI 技術的責任管理和監督。而且觀察美國各州在 AI 立法上的共識，可以發現它們逐步參考了歐盟人工智慧法案（AI Act, AIA）的相關法律規範和理念。這一趨勢可能會促使美國國會立法者採納這一共識，並提出一個全面的 AI 相關立法框架，這是一個值得持續關注和學習的發展[16]。

　　若以歐盟及美國在人工智慧治理思維發展可整理如下表[17]：

---

16. 王仁甫，思想坦克》全球人工智慧法規熱潮：歐盟領先、美國競追、台灣籌備中，2023 年 12 月 25 日（https://www.cmmedia.com.tw/home/articles/44199，最後閱覽日：2023 年 12 月）
17. 郭戎晉，人工智慧治理思維發展，東吳大學_數位科技法制近期發展研討會，2023/12/21

歐盟及美國在人工智慧治理思維發展

歐盟模式	美國模式
執委會_人工智慧發展願景（2018）	白宮_美國人工智慧倡議（2019）
執委會AI HLEG_可信賴人工智慧政策及投資建議書（2019）	白宮_美國人工智慧應用監管指南（2020）
執委會_人工智慧白皮書（2020）	白宮_人工智慧權利法案藍圖（2022）
執委會_AIA草案（2021）	白宮_安全且足資信賴之人工智慧行政命令（2023）
歐盟議會、歐盟理事會_AIA草案談判立場版本（2023）	聯邦機構部門立法/州立法

　　而在國內方面，也在積極起草相關的基本法，關注資安、消費者和人權保護。歐盟自2020年起AI立法的進程，包括2021年提出的AI法案草案，以及2023年12月14日通過的細節，這些都是以風險管理和人權保護為核心的重要規範。相關單位也積極草擬人工智慧基本法等立法階段，並參考研究各國與AI相關的法規及配套措施，另一方面也在資安、消費者及人權保護等考量因素下，審慎的提出方案以確保AI技術創新能夠利國利民。

　　產業推動上以金融業為例，金管會在20231228就金融業運用人工智慧（AI）指引草案公開徵詢外界意見，該草案主要分總則及6大章節，其中總則主要說明AI相關定義、AI系統生命週期、風險評估框架、以風險為基礎落實核心原則的方式、第三方業者的監督管理等共通事項；6大章節則分別說明金融業在落實6項核心原則時，依AI生命週期及所評估的風險，宜關注的重點以及可採行的措施，包括目的、主要概念，以及各原則相應的注意事項、落實方式或採行措施等。由於各核心原則間具有高度關聯，金融業參考本草案導入及使用AI系統時，應整體性地交互評估各重點或措施採用的可行性，以利完整控制風險[18]。

---

18. 新聞稿–金管會就金融業運用人工智慧（AI）之原則及政策草案公開徵詢外界意見–金融監督管理委員會全球資訊網，（https://www.fsc.gov.tw/ch/home.jsp?id=96&parentpath=0,2&mcustomize=news_view.jsp&dataserno=202308150001&aplistdn=ou=news,ou=multisite,ou=chinese,ou=ap_root,o=fsc,c=tw&dtable=News，最後閱覽日：2023年8月）

附錄：作者相關文章及新聞出處

20240205 詐團「AI變臉」假傳匯款指令跨國企業被坑8億 AI深偽「多人換臉」假財務長打視訊幾無破綻！｜非凡財經新聞

https://youtu.be/QG_JM64kYVw?si=vOTjsyymNsy-3GNo

20231226 AI正跟人類搶水喝！至2027估1年喝掉13個曾文水庫……碳排成下個生態危機？｜非凡財經新聞｜

https://www.youtube.com/watch?v=O1QwwSjtaKg

20230819 民視—假中國公安穿制服戴警帽＋AI變臉詐騙中國人金額上百萬

https://www.ftvnews.com.tw/news/detail/2023819S01M1

谷歌中文AI機器人1問3答 將廣泛應用各領域｜

20230816公視晚間新聞

https://www.youtube.com/watch?v=aiIG9ATs2l4

全球瘋玩「芭比AI特效」 波蘭：恐有潛在數位威脅｜華視新聞20230810

https://www.youtube.com/watch?app=desktop&v=_f yowwDxoKs&feature=youtu.be&fbclid=IwAR0S1Pqj 5my6PzimPwjw5eUwXO8mBzQ_RIJImmC0PeICvp_ d2cebBqyE4mE

國科會提「生成式AI參考指引草案」首先規範公部門 陳佳鑫 陳昌維／台北報導 發布時間：2023-07-19 19:51 更新時間：2023-07-19 20:55

https://news.pts.org.tw/article/647119

壹電視NEWS《新聞思想啟》第81集——Part2 AI新科技 正反兩面刃？衝擊各產業 防濫用誤用

https://youtu.be/OAFNqrQCE0o

民視 搶台灣AI人才！輝達開30多個職缺　新人年薪上看180萬

https://www.ftvnews.com.tw/news/detail/2023522F06M1

https://tw.sports.yahoo.com/news/%E6%96%B0%E4%BA%BA%E5%B9%B4%E8%96%AA%E4%B8%8A%E7%9C%8B180%E8%90%AC-%E8%BC%9D%E9%81%94%E7%A5%AD%E9%AB%98%E8%96%AA%E5%9C%A8%E5%8F%B0%E5%BE%B5%E6%89%8D-102630159.html

https://today.line.me/tw/v2/article/GgyYo2Y

非凡新聞

https://www.youtube.com/watch?v=m3gFoaDR_q4

民視

https://www.ftvnews.com.tw/news/detail/2023502F06M1

AI時代來臨！未來5年1400萬個工作消失　IBM暫停

招聘7800個職位將由AI取代

三立的採訪！

https://youtu.be/erPChNQFLI8

華視新聞

https://youtu.be/Shmgmmrkd8E

華視新聞

https://news.cts.com.tw/cts/life/202302/2023021921
44514.html 華視新聞

非凡財經新聞

https://youtube.com/watch?v=_SChJI13cyY&si=En_SI-
kaIECMiOmarE

非凡財經新聞

https://www.youtube.com/watch?v=zgd8aTBFMJo

中視新聞

https://youtu.be/ZhyvR_g6a4g

數位生態場域與人工智慧求生筆記

著　　者：羅天一

發 行 者：得加彩藝空間興業社

出 版 者：得加彩藝空間興業社

地　　址：苗栗市維祥里維勝街68號

電　　話：+886-37-320297

信　　箱：billyspaintingbp@gmail.com

出版時間：2024年2月

訂　　價：新台幣500元

ISBN：978-626-98385-0-9（平裝）

國家圖書館出版品預行編目(CIP)資料

數位生態場域與人工智慧求生筆記 / 羅天一著. -- 苗栗市：得加彩藝空間興業社, 2024.02
　　面；　公分
　ISBN 978-626-98385-0-9(平裝)

1.CST: 人工智慧

312.83　　　　　　　　　113002088